Berichte

des

Verbandes der Laboratoriums-Vorstände an deutschen Hochschulen.

Zwölftes Heft.

(18. September 1910.)

Leipzig
Verlag von Veit & Comp.
1910

INHALT.

Berichtigungen zu Heft 11.

a) Die Verbandsprüfung von Hans Bertram ist aus Versehen zweimal registriert worden, nämlich in Heft X, S. 18 unter Nr. 6171 und in Heft XI, S. 17 unter Nr. **6761.** Die letztere Nummer ist die richtige.

b) Oskar Steppuhn (XI. S. 27) hat nicht 5322, sondern **5332.**

Duplikate.

Im Laufe des Jahres ist der Verlust folgender Zeugnisse angezeigt worden. Die Inhaber erhielten Duplikate.

Nr.	Inhaber	Aussteller	
3849	Fritz Poser,	Prof. Beckmann.	
2897	Otto Braun,	» »	ohne Prüf. in org. Chem.
8155	Walter Boltze,	» »	ohne Prüf. in org. Chem.

A.

Das Braunschweiger Statut

des Verbandes der Laboratoriums-Vorstände an deutschen Hochschulen.

---

1. Zur Pflege und Förderung des chemischen Unterrichtes an den deutschen Universitäten und technischen Hochschulen bilden die Vorstände der chemischen Unterrichtslaboratorien einen Verband, der den Namen

„Verband der Laboratoriums-Vorstände an deutschen Hochschulen"

führt und seinen Sitz in München hat.

2. Mitglied des Verbandes wird auf seinen Antrag jeder Vorstand eines chemischen Unterrichtslaboratoriums an einer der unter 1. genannten Anstalten.

3. Der Verband verfolgt seine Zwecke:

a) durch den Verkehr mit Behörden und anderen Körperschaften;
b) durch Vereinbarungen über gemeinsame Maßnahmen zur Sicherung einer gründlichen Ausbildung der Studierenden;
c) durch die Herausgabe einer Verbandszeitschrift;
d) durch den persönlichen Verkehr der Mitglieder.

4. Die Angelegenheiten des Verbandes werden durch einen Vorstand geleitet, der aus folgenden Gliedern besteht:

Erster und zweiter Vorsitzender;
Schriftführer, zugleich Leiter der Verbandszeitschrift;
Schatzmeister;
Zwei Beisitzer.

Die Glieder des Vorstandes werden auf je drei Jahre gewählt; jährlich scheiden zwei von ihnen aus; Wiederwahl ist zulässig.

5. Der Verband tritt in der Regel jährlich zu einer Hauptversammlung zusammen, welche den Rechenschaftsbericht des Vorstandes entgegennimmt, die Wahlen ausführt, über Zeit und Ort der nächsten Versammlung, sowie über eingelaufene Anträge beschließt.

Die Hauptversammlung beschließt mit einfacher Mehrheit; für Satzungsänderungen ist Zweidrittelmehrheit erforderlich.

Außerordentliche Versammlungen können durch den Vorstand und müssen auf Antrag von einem Drittel der Mitglieder einberufen werden.

Der Verband stellt sich zunächst folgende Aufgaben:

Zum Abschluß der Vorbildung der Studierenden findet eine praktische Prüfung in qualitativer, quantitativer und Maß-Analyse, ferner eine mündliche Prüfung in der unorganischen, analytischen Chemie und in den Elementen der organischen Chemie statt, welche in der Regel durch den unmittelbaren

Lehrer des Studierenden (Assistent, Abteilungsvorstand) in Gegenwart des Direktors abgenommen wird. Diese Prüfung ist einheitlich an allen dem Verband angehörigen Laboratorien, sie steht in keinem Zusammenhange mit dem Doktor- oder Diplom-Examen oder mit der Frage des Staatsexamens und gilt nur als Ausweis über die vom Verbande geforderten Kenntnisse.

Der Verband sieht es ferner als seine Aufgabe an, den Studierenden der technischen Hochschulen die Zulassung zur Promotion, sowie umgekehrt den Studierenden der Universitäten die Zulassung zu den Diplomprüfungen möglichst zu erleichtern.

Endlich soll der Verband eine korporative Vertretung gegenüber Behörden, Ministerien usw. bilden.

Die Berichte des Verbandes werden etwa Mitte September herausgegeben; sie enthalten die Register über die an den einzelnen Laboratorien ausgestellten Verbandszeugnisse und über die vollzogenen Promotionen (mit Angabe der bearbeiteten Themen) und die dazu gehörigen nach Hochschulen geordneten Übersichten.

Die Berichte können durch den Buchhandel oder vom Sekretär des Verbandes, Prof. Dr. W. Böttger, Leipzig, Linnéstraße 2, bezogen werden.

Der Verband ist in Braunschweig am 19. September 1897 gegründet worden und trat mit dem 1. April 1898 in Tätigkeit. Das Geschäftsjahr beginnt am 1. Oktober. Der Jahresbeitrag ist an den Schatzmeister Herrn Prof. Dr. Liebermann, Berlin W., Mathäikirchstr. 29 durch Postanweisung mit bezüglichem Vermerk einzusenden.

Verzeichnis des Vorstandes und der Mitglieder siehe Seite 14.

B.

Ausführungsbestimmungen

für die Verbandsprüfung,

angenommen in der Verbandsversammlung vom 12. März 1898.

---

§ 1.

Das Verbandsexamen besteht aus einer praktischen Prüfung in qualitativer, quantitativer und Maßanalyse und ferner in einer mündlichen Prüfung in analytischer und unorganischer Chemie, sowie in den Elementen der organischen Chemie.

§ 2.

Der Zweck dieser Prüfung ist ein dreifacher. Für die Studierenden soll dieselbe ein Abschluß für die Vorbereitungsstudien sein. Den Laboratoriumsvorständen soll dadurch ein Mittel an die Hand gegeben werden, um einerseits zu kontrollieren, ob die in ihrem Laboratorium arbeitenden Studierenden nach allen Seiten hin in der elementaren Chemie hinreichend ausgebildet sind; und anderseits die fremden Studierenden, welche von anderen Hochschulen oder von Privatlaboratorien kommen, auf ihre Kenntnisse zu prüfen und eventuell zu einer Repetition zu veranlassen. Drittens soll die Prüfung den Industriellen oder anderen Personen, welche Chemiker anstellen, eine Garantie dafür geben, daß der Bewerber die notwendigen elementaren Kenntnisse besitzt. Die bisherigen Einrichtungen haben erfahrungsmäßig hierfür nicht ausgereicht.

§ 3.

Da durch die Verbandsprüfung eine gleichmäßige Ausbildung der Studierenden in den Elementen erzielt werden soll, so ist selbstverständlich, daß die Anforderungen an allen Hochschulen in sachlicher Beziehung einheitlich sein müssen. Dagegen kann die Form, in der sich der Lehrer von dem Vorhandensein der geforderten Kenntnisse überzeugt, eine verschiedene sein. So kann z. B. an technischen Hochschulen ein Verbandszeugnis auf Grund einer Diplomprüfung oder einer Schlußprüfung ausgestellt werden, wenn in letzteren mindestens ebensoviel verlangt wird als in der Verbandsprüfung. Auch an Universitäten soll kein besonderer Modus für das Examen vorgeschrieben werden. Es bleibt dem Examinator überlassen, wie er sich von dem Vorhandensein der Kenntnisse überzeugen will, er haftet aber durch seine Namensunterschrift dafür, daß der Kandidat zur Zeit der Prüfung die vom Verbande geforderten Kenntnisse besessen hat. Verbandszeugnisse auf

Grund der Versicherung eines Studierenden, daß er die geforderten Kenntnisse besitze, oder auf das Zeugnis eines anderen Lehrers hin auszustellen, ist daher unzulässig. Was die Ausführung der praktischen Prüfung betrifft, so kann die Überwachung derselben von dem Vorstande einem Abteilungsvorstand oder Assistenten übertragen werden, der Vorstand übernimmt aber persönlich die Verantwortung und bescheinigt das Bestehen der Prüfung durch seine Namensunterschrift. In Laboratorien, wo ein Laboratoriumsjournal eingeführt ist, kann das Bestehen der praktischen Prüfung auch auf Grund dieses Journals bezeugt werden.

§ 4.

Die praktische Prüfung und die mündliche Prüfung in der analytischen und in der unorganischen Chemie muß an ein und derselben Hochschule innerhalb 6 Monaten abgelegt werden. So kann z. B. die praktische Prüfung am Ende des Sommersemesters, die mündliche zu Anfang des Wintersemesters stattfinden. Stets muß aber die praktische Prüfung der mündlichen vorangehen. Verbandszeugnisse über die praktische Prüfung allein haben daher an einer anderen Hochschule keine Gültigkeit.

Die mündliche Prüfung in organischer Chemie kann auch an einer anderen Hochschule und zu einer beliebigen Zeit abgehalten werden.

§ 5.

Als erstrebenswertes Ziel wird hingestellt, daß der Examinator nur solche Studierende examiniert, die in seinem Laboratorium gearbeitet haben. Den tatsächlichen Verhältnissen entsprechend, ist es indessen auch gestattet, fremde Studierende zu prüfen, namentlich auch solche, welche auf ausländischen Anstalten studiert haben. Beanspruchen können die Zulassung indessen nur diejenigen, welche mindestens ein Semester in dem betreffenden Laboratorium gearbeitet und sich nach Ansicht des Vorstandes die nötigen Kenntnisse erworben haben. Der Eintritt in den Verband verpflichtet den Laboratoriumsvorstand, solche Studierende zu prüfen, während die Prüfung von andern seinem freien Ermessen anheimgestellt wird. Die Prüfung erfolgt auf Antrag des Studierenden oder auf Wunsch des Vorstandes. Besteht der Studierende die Prüfung nicht, so wird auch kein Zeugnis ausgestellt. Vorschriften über die Wiederholung der Prüfung werden nicht gegeben.

Die Verbandsmitglieder sind verpflichtet, nur solchen Studierenden, welche die Verbandsprüfung bestanden haben, ein Thema für eine Doktorarbeit zu geben.

§ 6.

Umfang der Verbandsprüfung.

Die praktische Prüfung.

Die praktische Prüfung zerfällt in drei Teile:

a) Ausführung einer qualitativen Analyse.

In dieser Prüfung wird gefordert, daß der Kandidat in einem eigens zu diesem Zweck dargestellten Gemisch alle Bestandteile nachweist. Das Gemisch soll eine größere Anzahl von Stoffen enthalten, aber nur solche, welche in dem allgemein üblichen Gang der Analyse vorkommen.

b) Quantitative Analyse.

In der quantitativen Analyse wird das Hauptgewicht auf die Genauigkeit der Bestimmung gelegt. Dem Kandidaten ist die qualitative Zusammensetzung der Mischung mitzuteilen, er hat darin drei Stoffe, deren Trennung und Bestimmung in dem üblichen analytischen Gang vorkommen, quantitativ zu bestimmen.*)

*) Da die Ansichten über das, was in der quantitativen Analyse gefordert werden muß, ziemlich weit auseinandergehen, sind im folgenden einige Beispiele von Aufgaben aufgeführt:

1. Gemisch von Natriumchlorid und Kaliumjodid.
   In einer Portion sind die Einzelwerte von Jod und Chlor (ev. elektrolytisch) zu bestimmen, in einer zweiten die Summe von Kalium und Natrium als Sulfat.
2. wie bei 1.
   Es ist die Summe von Chlor und Jod zu bestimmen, im Filtrat die Summe von Kalium- und Natriumchlorid und Kalium (als Kaliumplatinchlorid resp. Kaliumperchlorat).
3. Kupfersulfat, Zinksulfat und Natrium- resp. Kaliumsulfat.
   In einer Portion Kupfer, Zink und Natrium resp. Kalium.
4. Mangan- oder Magnesiumsulfat, Ferrichlorid und Ammoniumsulfat.
   In einer Portion Eisen und Mangan resp. Magnesium, in einer zweiten Schwefelsäure.
5. Magnesiumchlorid, Calciumchlorid und Kaliumnitrat.
   In einer Portion Calcium, Magnesium und Kalium.
6. Merkurichlorid, Wismutnitrat und Kobalt- resp. Nickelnitrat.
   In einer Portion Quecksilber (ev. elektrolytisch), Wismut und Kobalt resp. Nickel.
7. Wismutnitrat, Brechweinstein und Arsenik.
   In einer Portion Wismut, Antimon und Arsen.
8. Kupfersulfat, Kaliumbichromat und Alaun.
   In einer Portion Kupfer, Chrom und Aluminium.
9. Zink- resp. Kobalt, Nickel- und Magnesiumsulfat.
   In einer Portion Zink resp. Kobalt, Nickel und Magnesium.
10. Cadmiumsulfid, Quecksilbersulfid und Schwefel.
    In einer Portion Cadmium und Quecksilber, in einer zweiten Schwefel.
11. Aluminiumoxyd, Calciumcarbonat und Kieselsäure.
    In einer Portion Aluminium, Calcium und Kieselsäure.
12. Calciumcarbonat, Baryumcarbonat und Natriumcarbonat.
    In einer Portion Baryum und Calcium, in einer zweiten Kohlendioxyd.

c) Maßanalytische Aufgabe.

Bei diesem Teile der Prüfung muß der Kandidat alle zur Verwendung kommenden Normallösungen selbst darstellen.

Die mündliche Prüfung.

Die mündliche Prüfung zerfällt in drei Abschnitte:

a) Analytische Chemie.

In der qualitativen Analyse soll der Kandidat den Nachweis der in dem üblichen Gang vorkommenden Stoffe kennen. In der quantitativen Analyse wird die Kenntnis der Trennungs- und Bestimmungsmethoden der wichtigeren Elemente und ihrer Verbindungen verlangt.

b) Unorganische Chemie.

In diesem Fache wird die Kenntnis der Disziplin in dem Umfange gefordert, wie sie in der Regel in den Vorlesungen über unorganische Experimentalchemie vorgetragen wird.

c) Organische Chemie.

Kenntnisse der Grundsätze der organischen Chemie.

v. Baeyer, Vorsitzender. **E. Beckmann,** Schriftführer.

Erläuterungen.

A. zum Verbandszeugnis.

1. **Vorbildung.** In dieser Rubrik ist anzugeben der Charakter der Schule, die besucht wurde und die darin absolvierte Stufe, oder die bereits bestandene staatliche Prüfung (Apotheker) bezw. der erreichte akademische Grad (Bachelor of Science).

2. **Examinator.** Durch Eintragung der Namensunterschrift in die mit Examinator bezeichnete Kolumne wird bescheinigt, daß der Kandidat den betreffenden Teil der Prüfung bestanden hat. In dieser Rubrik sind nur die Namen der Mitglieder des Verbandes anzugeben, dagegen nicht die Namen der etwa examinierenden Assistenten oder Abteilungsvorsteher. Ist der Laboratoriumsvorstand durch Krankheit oder längere Abwesenheit verhindert, so tritt der amtliche Stellvertreter nach erfolgter Anzeige beim Vorstande des Verbandes in alle Rechte und Pflichten des Laboratoriumsvorstandes dem Verbande gegenüber ein.

3. **Art der Prüfung.** Diese Kolumne wird ausgefüllt mit V. oder D, oder N. — V. bedeutet »Verbandsprüfung«, D. »Diplomprüfung« und N. »Nahrungsmittelchemiker-Vorprüfung«.*)

4. **Gültigkeit** erhält das Verbandszeugnis erst durch das Bestehen in allen vier Teilen der Prüfung. Der Examinator, welcher zuletzt prüft, fertigt das Zeugnis aus, indem er seinen Namen in die zweite Kolumne einträgt, und außerdem den Passus: »In das Register eingetragen« mit Datum und mit seiner Namensunterschrift versieht.

5. **Eintragung in die Listen.** Jede erledigte Prüfung wird in das Register eingetragen. Auf Grund dieser Listen erfolgt die Veröffentlichung in den vom Verband herausgegebenen Berichten. Die Bekanntgabe einer Prüfung an den Sekretär erfolgt aber erst, nachdem alle Teile derselben erledigt sind. Es sind demgemäß in die Listen, die dem Sekretär eingesandt werden, nur die Kandidaten aufzunehmen, die auch die Prüfung in organischer Chemie bestanden haben. Hat ein Kandidat die Prüfung an zwei Laboratorien abgelegt, so wird der Name des Kandidaten nur in der Liste desjenigen Mitgliedes geführt, bei welchem der letzte Teil erledigt worden ist. Als Nummer des Zeugnisses ist die aufgedruckte Nummer in das Register einzutragen.

6. **Aushändigung der Zeugnisse.** Das Zeugnis darf dem Studierenden zur Legitimation erst ausgehändigt werden, nachdem die praktische Prüfung, sowie die mündlichen Prüfungen in unorganischer und analytischer Chemie bestanden und im Zeugnisformular bescheinigt worden sind.

7. **Meldung zur Promotion.** Die Studierenden werden gebeten, bei den Eingaben um Zulassung zur Promotion neben den anderen Papieren auch das Verbandszeugnis zwecks Erleichterung der statistischen Zusammenstellung vorzulegen.

8. **Ausstellung eines Duplikats.** Wenn ein Zeugnis verloren geht oder durch Beschädigung unbrauchbar wird, kann dem Kandidaten ein Duplikat ausgestellt werden. Entsprechende Formulare ohne aufgedruckte Nummer sind im Bedarfsfalle vom Sekretär zu beziehen. Der Name des Empfängers eines Duplikats und die Zeugnisnummer werden im nächsten Verbandsbericht bekannt gegeben. Bei der Bestellung eines Duplikatformulars wolle man daher gleich die entsprechenden Angaben machen.

9. **Ergänzungsprüfungen.** Prüfungen in anderen Spezialfächern der Chemie und sonstigen Fächern werden unter Ergänzungsprüfungen bescheinigt.

---

*) In Karlsbad ist beschlossen worden: Ein Verbandsmitglied, welches Examinator in der Vorprüfung für Nahrungsmittel-Chemiker ist und das zweimalige Examinieren vermeiden will, kann im Verbandszeugnis die mündlichen Prüfungsabschnitte auf Grund der Nahrungsmittelchemiker-Vorprüfung bescheinigen, wenn diese in einem dem Verbandsexamen entsprechenden Umfange abgehalten werden. Voraussetzung ist dabei jedoch, daß der Kandidat nicht länger als sechs Monate vorher bei demselben Verbandsmitgliede den praktischen Teil der Verbandsprüfung absolviert hat. Die praktische Prüfung nach der mündlichen abzuhalten, ist in keinem Falle gestattet. Für die Bestätigung dieser mündlichen Prüfungen auf den Zeugnissen und in den Listen wird die Abkürzung »N« eingeführt.

B. zu den Ergänzungsprüfungen.

1. Ergänzungsprüfungen können nur an Universitäten oder technischen Hochschulen von den Vertretern des betreffenden Faches vorgenommen werden. In Bezug auf den Gegenstand der Prüfung findet keine Einschränkung statt.

2. Den Ergänzungsprüfungen muß die vollständige Erledigung der Verbandsprüfung vorausgegangen sein.

3. Die bestandenen Prüfungen werden von einem an dem betreffenden Orte ansässigen Mitgliede des Verbandes mit dem Datum der Prüfung und der Nummer des Verbandszeugnisses registriert und in den vom Verbande herausgegebenen Berichten veröffentlicht. Der Kandidat hat zu diesem Zwecke das Zeugnis nach Eintragung einer Ergänzungsprüfung (eventuell mehrerer) dem, bezw. einem Professor der Chemie dieser Hochschule vorzulegen. Die Register sind mit den übrigen am Ende des Wintersemesters an den Sekretär einzusenden.

4. Der Gegenstand der Prüfung ist unzweideutig, wenn möglich mit einem Hinweis über den Umfang der nachgewiesenen Kenntnisse, im Zeugnisse (unter »Bemerkungen«) und im Register anzugeben.

C.

PROTOKOLL

der

XII. Jahresversammlung der Laboratoriumsvorstände deutscher Hochschulen

am 19. September 1909

im Lesezimmer der Realschule zu Salzburg.

Anwesend die Herren: Anschütz, Beckmann, Buchner, Ruff, Stutzer, Wislicenus.

Da Herr von Bayer nicht nach Salzburg kommen konnte, eröffnet Herr Beckmann die Sitzung und übernimmt auf Wunsch der Versammelten den Vorsitz. Herr Anschütz fungiert auf Vorschlag von Herrn Beckmann als stellvertretender Schriftführer.

1. Der Vorsitzende erstattet Bericht über das abgelaufene Jahr. — An Stelle von Herrn Volhard ist dessen Nachfolger, Herr Vorländer, in den Verband eingetreten. Weiterhin ist Herr Möhlau ausgetreten, weil in seinem Laboratorium keine Anfänger unterrichtet werden. Da ferner Herr Ladenburg sein Amt niedergelegt hat, beginnt der Verband das neue Geschäftsjahr mit einem Bestand von 60 Mitgliedern. — Herr Tafel war bis Ostern 1909 beurlaubt und wurde durch Herrn Manchot vertreten.

2. Das Protokoll von der vorjährigen Sitzung wird verlesen. Der Vorsitzende knüpft daran die Bemerkung, daß es dem Sekretär nicht möglich gewesen ist, die damals beschlossene Vervollständigung der Statistik über die Ergänzungsprüfungen (Bericht 11, S. 10) für den diesjährigen Bericht zu erbringen, weil in den Listen über die Verbandsprüfungen die entsprechen-Angaben (V. resp. D.) in vielen Fällen fehlten. Nachdem diese Angelegenheit unter Beteiligung der Herren Ruff, Beckmann, Anschütz und Wislicenus diskutiert worden ist, wird der Sekretär beauftragt, schon beim Einfordern der Listen für die entsprechende Vervollständigung der Angaben zu sorgen.

3. Mit Bezug auf die Listen werden weiter folgende Wünsche vorgebracht. In die erste Rubrik ist die Nummer der Verbandszeugnisse und nicht die laufende Nummer der in einem Institut ausgestellten Zeugnisse einzutragen. Da dies in den neuen Registerformularen unzweideutig gesagt ist, empfiehlt es sich, durchgängig diese zu benutzen. Dies ist auch deshalb anzuraten, weil sich auf diesen eine Zusammenstellung der eingeführten Abkürzungen findet, deren Benutzung den Herren Mitgliedern gleichfalls in Erinnerung gebracht wird.

4. Da Herr Liebermann nicht anwesend ist, wird der Kassenbericht vom Vorsitzenden nach den eingesandten Unterlagen erstattet. Wie aus den nachstehenden Daten hervorgeht, hat sich der Vermögensbestand etwas gebessert. Die Herren Buchner und Stutzer prüfen die Abrechnung und bestätigen die Richtigkeit.

Kassenbericht:

abgeschlossen 1. 8. 09.

a) Einnahmen:

Kassenbestand vom Vorjahr	ℳ	488.86
Mitgliederbeiträge 2 von 1908, 61 von 1909	»	1260.—
Zinsen	»	23.52
Diverses	»	3.55
Gesamteinnahme	ℳ	1775.93

b) Ausgaben:

Rechnung der Buchhandlung für Nr. 10 des Berichts	ℳ	595.25
Gehalt des Sekretärs	»	500.—
Registrierung	»	64.25
Drucksachen	»	32.20
Porti und Diverses	»	45.70
Gesamtausgabe	ℳ	1237.40

c) Übersicht:

Einnahmen	ℳ	1775.93
Ausgaben	»	1237.40
Verbleibt Bestand	ℳ	538.53

5. Beschluß über Maßnahmen zur Vermeidung mißbräuchlicher Verwendungen des Verbandszeugnisses. (S. Bericht 11, S. 11). Nachdem die Angelegenheit nochmals unter Beteiligung der Herren Ruff, Anschütz und Beckmann diskutiert worden ist, wird darüber abgestimmt. Das Resultat ist, daß fünf Herren dafür sind, auf die Vorderseite der Zeugnisformulare § 2 der Ausführungsbestimmungen bis auf den letzten Satz aufzudrucken.

6. Der Antrag Anschütz betreffend den Umfang der quantitativen Analyse in der Verbandsprüfung geht dahin, bei der gewichtsanalytischen Aufgabe die Bestimmung von drei Stoffen zu verlangen statt, wie bisher, »zwei bis drei« Bestimmungen. Begründet wird dieser Antrag damit, daß nach der Prüfungsordnung für Apotheker vom 13. Mai 1904 die Bestimmung von drei Bestandteilen gefordert wird, obwohl der Kandidat zur Erlangung der Zulassung nur mindestens je zwei Halbjahre an analytisch-chemischen Übungen teilgenommen zu haben braucht, während dagegen die Verbandsprüfung in der Regel nicht vor dem Ende des vierten analytischen Semesters abgelegt wird.

Exzellenz von Baeyer hat sich über die Angelegenheit in einem an den Sekretär gerichteten Brief ausgesprochen, der verlesen wird; er erklärt sich damit einverstanden, daß die Bestimmungen verschärft werden, wenngleich er die Verbandsprüfung nicht in Parallele gestellt sehen möchte mit der Apothekerprüfung, da bei der ersteren ein ganz anderer Maßstab angelegt werden müsse. Vor allem aber komme es auf eine strenge Handhabung der einmal vereinbarten Vorschriften an.

Herr Anschütz erklärt, daß er sich nur deshalb auf die Apothekerprüfung berufe, um der gelegentlich auftretenden irrtümlichen Ansicht zu begegnen, daß in der Apothekerprüfung höhere Anforderungen gestellt würden, und daß demgemäß das Verbandszeugnis ohne weiteres auf Grund der Apothekerprüfung ausgestellt werden könne.

In der Diskussion, an der sich alle anwesenden Mitglieder beteiligen, weist Herr Buchner darauf hin, daß es nicht zweckmäßig sein dürfte, sich gerade auf drei Stoffe zu beschränken und er empfiehlt daher, die Bestimmung von »mindestens drei« Bestandteilen zu fordern. — Eine Beschlußfassung darüber wird, nachdem noch einige andere Vorschläge erwogen sind, bis zur nächsten Versammlung vertagt.

Die Abstimmung über den Antrag Anschütz ergibt Mehrheit im Verhältnis 4 : 2; derselbe ist somit angenommen.

Die neue Fassung vom § 6b der Ausführungsbestimmungen soll am 1. April 1910 in Kraft treten.

In betreff der den Ausführungsbestimmungen beigefügten Beispiele tritt die Versammlung dem Vorschlage des Vorsitzenden bei, die entsprechende Ergänzung und Vermehrung der Beispiele dem Vorstande zu überlassen.

Zum Schluß dankt Herr Beckmann den anwesenden Mitgliedern für ihre Beteiligung an den Beratungen, im besonderen den Herren Buchner und Stutzer für die Prüfung des Kassenberichts.

E. Beckmann, stellvertr. Vorsitzender.

Anschütz, stellvertr. Schriftführer.

D.

Mitgliederverzeichnis vom 1. August 1910.

Vorstand:

Erster Vorsitzender: **A. v. Baeyer**, München.
Zweiter Vorsitzender: **H. Bunte**, Karlsruhe i. B.
Erster Beisitzer: **E. Fischer**, Berlin.
Zweiter Beisitzer: **E. v. Meyer**, Dresden.
Schriftführer u. Leiter d. Berichtes: **E. Beckmann**, Leipzig.
Schatzmeister: **C. Liebermann**, Berlin-Charlottenburg.

Mitglieder des Verbandes:

Prof. **R. Anschütz**, Bonn, Chem. Univers.-Laborat.
» **K. Auwers**, Greifswald, Chem. Univers.-Laborat.
» **A. v. Baeyer**, München, Arcisstr. 1. Chem. Laborat. d. Akadem. d. Wissenschaften.
» **E. Beckmann**, Leipzig, Brüderstr. 34, Univers.-Laborat. für angew. Chemie.
» **H. Beckurts**, Braunschweig, Technische Hochschule.
» **R. Behrend**, Hannover, Technische Hochschule.
» **J. Bredt**, Aachen, Technische Hochschule.
» **E. Buchner**, Breslau I, Chem. Inst. der Universität, Burgstr. 8.
» **H. Bunte**, Karlsruhe, Technische Hochschule.
» **A. Classen**, Aachen, Technische Hochschule.
» **Th. Curtius**, Heidelberg, Chem. Univers.-Laborat.
» **O. Dieffenbach**, Darmstadt, Technische Hochschule.
» **F. Ehrlich**, Breslau, Landwirtschaftl.-Technolog. Institut der Univers., Mathiasplatz 5.
» **K. Elbs**, Gießen, Phys.-chem. Univers.-Laborat.
» **C. Engler**, Karlsruhe, Technische Hochschule.
» **E. Fischer**, Berlin N., I. Chem. Univers.-Laborat.
» **O. Fischer**, Erlangen, Chem. Univers.-Laborat.
» **J. Gadamer**, Breslau, Pharmaz. Inst., Schuhbrücke 38/39. I.
» **L. Gattermann**, Freiburg i. B., Chem. Univers.-Laborat.
» **A. Hantzsch**, Leipzig, Chem. Univers.-Laborat.
» **C. Harries**, Kiel, Chem. Univers.-Laborat.
» **C. v. Hell**, Stuttgart, Techn. Hochschule.
» **W. Hempel**, Dresden, Technische Hochschule.
» **H. Kiliani**, Freiburg i. B., Chem. Univers.-Laborat.

Prof. **H. Klinger**, Königsberg i. Pr., Chem. Univers.-Laborat.
» **L. Knorr**, Jena, Chem. Univers.-Laborat.
» **G. v. Knorre**, Charlottenburg, Technische Hochschule, Gr.-Lichterfelde-West, Zehlendorfer Straße 26.
» **Fr. Krafft**, Heidelberg, Wilhelmstr. 2.
» **M. Le Blanc**, Leipzig, Phys.-chem. Institut, Linnéstr. 2.
» **C. Liebermann**, Charlottenburg, Technische Hochschule.
» **L. Medicus**, Würzburg, Pharmazeutisches Institut der Univers.
» **J. Meisenheimer**, Berlin N., Chem. Laborat. der Landwirtschaftl. Hochschule, Invalidenstr. 42.
» **E. v. Meyer**, Dresden, Technische Hochschule.
» **R. Meyer**, Braunschweig, Technische Hochschule. Chem. Laborat.
» **A. Michaelis**, Rostock i. Meckl., Chem. Univers.-Laborat.
» **Erich Müller**, Stuttgart, Technische Hochschule, Inst. f. Elektrochemie u. techn. Chemie, Keplerstr. 7.
» **W. Muthmann**, München, Technische Hochschule, Analyt. Laborat.
» **A. Naumann**, Gießen, Chem. Univers.-Laborat.
» **W. Nernst**, Berlin NW., Phys.-chem. Univers.-Laborat., Bunsenstr. 1.
» **C. Paal**, Erlangen, Pharmazeut.-chem. Inst. d. Univers.
» **Th. Paul**, München, Laborat. f. angew. Chemie, Karlstraße 29.
» **O. Ruff**, Danzig, Technische Hochschule.
» **H. Salkowski**, Münster i. W., Chem. Univers.-Laborat.
» **E. Schmidt**, Marburg i. H., Pharm.-chem. Univers.-Laborat.
» **G. Schultz**, München, Technische Hochschule.
» **K. Seubert**, Hannover, Technische Hochschule.
» **M. Siegfried**, Leipzig, Physiolog. Inst. d. Univers.
» **W. Staedel**, Darmstadt, Technische Hochschule.
» **A. Stock**, Breslau, Chem. Laborat. der Technischen Hochschule, Parkstraße 6.
» **A. Stutzer**, Königsberg i. Pr., Agrikulturchem. Institut.
» **J. Tafel**, Würzburg, Chem. Institut.
» **G. Tammann**, Göttingen, Physik.-chem. Institut.
» **J. Thiele**, Straßburg, Chem. Univers.-Laborat.
» **B. Tollens**, Göttingen, Agrikulturchem. Laborat. d. Univers.
» **D. Vorländer**, Halle a. S., Chem. Univers.-Laborat.
» **O. Wallach**, Göttingen, Chem. Univers.-Laborat.
» **H. Wichelhaus**, Berlin NW., Technolog. Institut d. Univers., Bunsenstraße 1.
» **W. Wislicenus**, Tübingen, Chem. Univers.-Laborat.
» **O. N. Witt**, Charlottenburg, Technische Hochschule.
» **A. Wohl**, Danzig, Technische Hochschule.
» **Th. Zincke**, Marburg i. H., Chem. Univers.-Laborat.
» **R. Zsigmondy**, Göttingen, Anorg.-chem. Laborat. der Universität.

Auf Grund der Braunschweiger Statuten sind bis zum 1. April 1910 folgende Register der abgelegten Prüfungen an den Sekretär des Verbandes eingesandt worden.

(* bedeutet: Angabe fehlt.)

E.

Register der im Sommer 1909 und im Winter 1909/10 ausgestellten Verbandszeugnisse.

Chemisches Laboratorium der Technischen Hochschule zu Aachen.

Aufgedruckte No. der Zeugniskarte	Vorname	Zuname	Geburtsort	Vorbildung	Examinatoren	Datum der Ausfertigung	Art der Prüfung
W.-S. 09/10							
8114	Georges	v. d. Maesen de Sombreff	s'Hertogenbosch	Ab. Höh. B.-Sch.Maastricht	Classen Bredt	29./10. 09	D.
8115	OleWilh.	Lund	Kristiansand	R.-G.-Ab.	Classen Bredt	29./10. 09	D.
8116	August	Amann	Stolberg (Rh.)	O.-R.-Sch.-Ab.	Classen Bredt	29./10. 09	D.

Chemisches Institut der Universität Berlin.

Aufgedruckte No. der Zeugniskarte	Vorname	Zuname	Geburtsort	Vorbildung	Examinatoren	Datum der Ausfertigung	Art der Prüfung
S.-S. 09							
7422	Paul	Reich	Berlin	G.	E. Fischer	7./5. 09	
7407	Hans	Roesner	Berlin	R.-G.-Ab.	E. Fischer	8./5. 09	
7435	Erich	Förster	Dömitz i. M.	G. Ab.	E. Fischer	11./6. 09	
7408	Anton	Köllisch	Mannheim	R.-G.-Ab.	E. Fischer	11./6. 09	
7417	Erich	Andersonn	Titaghur b. Calcutta	R.-G.-Ab.	E. Fischer	11./6. 09	
7437	Paul	Goldacker	Berlin	G.	E. Fischer	12./6. 09	
7426	Richard	Struensee	Berlin	R.-G.	E. Fischer	12./6. 09	
7445	Edward	Maxted	Ramsgate	G.-Ab.	E. Fischer	12./6. 09	
7432	Karl	Lock	Ellwangen	G.-Ab.	E. Fischer	29./7. 09	
7926	Paul	Boll	Arnstadt	G.-Ab.	i. V. Manchot u. E. Fischer	29./7. 09	
7429	Bernhard	Landau	Petrikan	G.-Ab.	E. Fischer	29./7. 09	
7431	Josua	Felix	Pinczow	G.-Ab.	E. Fischer	30./7. 09	
7409	Wilhelm	Richter	Berlin	G.-Ab.	E. Fischer	30./7. 09	
7442	Paul	Freytag	Berlin	G.	E. Fischer	30./7. 09	
7423	Fritz	Dickhäuser	Dilben	R.-G.-Ab.	E. Fischer	31./7. 09	
7428	Hermann	Dieterich	Flomborn	O.-R.-Sch.	E. Fischer	31./7. 09	
7425	Georg	Knöffler	Berlin	O.-R.-Sch.	E. Fischer	31./7. 09	
7433	Alfred	Langhans	Berlin	G.	E. Fischer	31./7. 09	
7441	Friedrich	Hahn	Oels	G.	E. Fischer	31./7. 09	

Chemisches Institut der Universität Berlin. Fortsetzung.

Aufgedruckte No. der Zeugniskarte	Vorname	Zuname	Geburtsort	Vorbildung	Examinatoren	Datum der Ausfertigung	Art der Prüfung
W.-S. 09/10							
7434	Fritz	Bachran	Unterröblingen	O.-R.-Sch.		12./9. 09	
7450	Paul	Fritzsche	Münster i. W.	G.-Ab.		12./11. 09	
8403	Erich	Huber	Berlin	R.-G.-Ab.		12./11. 09	
7411	Mauritius	Weinheber	Grojer (Österr.)	G.-Ab.		12./11. 09	
7446	Albert	Göddertz	Elberfeld	O.-R.-Sch.		13./11. 09	
8401	Constant.	v. Bursack	Rußland	O.-R.-Sch.	E. Fischer	13./11. 09	
7438	Max	Landau	Peprikan (Russ.-Pol.)	G.		15./11. 09	
7443	Fritz	Groh	Berlin	R.-G.-Ab.		15./11. 09	
7444	Friedrich	Meyer	Mannheim	R.-G.-Ab.		15./11. 09	
8402	Reinhard	Groh	Berlin	G.-Ab.		15./11. 09	
7430	Alfred	Engelhardt	Elberfeld	O.-R.-Sch.		15./11. 09	
7381	Dimitrie	Saveanu	Focsani	G.-Ab.	Erdmann u. E. Fischer	15./11. 09	
8408	Kurt	Hoesch	Düren	O.-R.-Sch.		15./11. 09	
7436	Martin	Corell	Adorf i. Vogtl.	R.-G.		17./12. 09	
7439	Richard	Lepsius	Frankfurt a. M.	G.		17./12. 09	
8410	Ching Co	Ou	Kanton	CornellUn.AB.		17./12. 09	
8411	Adolf	Holtz	Merbitz	R.-G.		17./12. 09	
7448	Carl	Zach	Coesfeld	G.-Ab.		25./2. 10	
8405	Theodor	Arendt	Peking	G.-Ab.	E. Fischer	25./2. 10	
6361	Loser	Zamkow	Wladislawow	G.-Ab.		25./2. 10	
7447	Kurt	Endell	Stade	G.-Ab.		4./3. 10	
7449	Reinhold	Kuphal	Berlin	G.-Ab.		4./3. 10	
8412	Erich	Wurm	Berlin	R.-G.		4./3. 10	
8406	Karl	Schultze	Berlin	R.-G.-Ab.		7./3. 10	
8418	Telem. P.	Triantaphyllides	Athen	G.-Ab.		7./3. 10	

Physikalisch-chemisches Institut der Universität Berlin.

W.-S. 09/10							
7468	Charlotte	Herrmann	Berlin	R.-G.		19./10. 09	
7746	Erich	Kretschmar	Lissa i. P.	G.		21./10. 09	
7748	Fritz	Moeller	Cassel	G.	Nernst	28./10. 09	
7749	Johann	Protze	Berlin	R.-G.		3./3. 10	
7750	Kurt	Schwandt	Berlin	O.-R.-Sch.		3./3. 10	
7760	Willy	Blum	Port Elizabeth	G.		25./4. 10	

Technologisches Institut der Universität Berlin.

W.-S. 09/10							
7440	Karl	Holland	Ratingen	O.-R.-Sch.	E. Fischer Wichelhaus	27./10. 09	

Anorg. Laboratorium der Königl. Techn. Hochschule zu Berlin.

Aufgedruckte No. der Zeugniskarte	Vorname	Zuname	Geburtsort	Vorbildung	Examinatoren	Datum der Ausfertigung	Art der Prüfung
S.-S. 09							
7399	**Karl**	**Danco**	Aachen	G.	Erdmann	7./7. 09	V.
7400	**Ernst**	**Wiegand**	Siegen	R.-G.		7./7. 09	V.
8452	**Gustavo**	**Crovato**	Asuncion (Rep. Paraguay)	National-Collegium		7./7. 09	V.
8454	**Wilhelm**	**Schiller**	Jassy	G.		7./7. 09	V.
8451	**Rudolf**	**Cordes**	Elberfeld	G.		12./7. 09	V.
8455	**Richard**	**Gockel**	Haus Dellwig b. Dortmund	R.-G.		12./7. 09	V.
8456	**Otto**	**Hanf**	Witten (Ruhr)	R.-G.		12./7. 09	V.
8457	**Friedr.**	**Morawe**	Hruschau	O.-R.-Sch.		12./7. 09	V.
8458	**Otto**	**Vollenbruck**	Warschau	O.-R.-Sch.		12./7. 09	V.
8459	**Ernst**	**Wasserfuhr**	Beuel b. Bonn	R.-G.		12./7. 09	V.
8460	**Robert**	**Hammes**	Biebrich a. Rh.	O.-R.-Sch.		12./7. 09	V.
8461	**Johannes**	**Kudera**	Myslowitz	G.		12./7. 09	V.
8462	**Henny**	**Hövermann**	Hamburg	Höh. Töchterschule		12./7. 09	V.
8463	**Alfons**	**Wilczek**	Koenigsdorf O/S.	G.		14./7. 09	V.
8464	**Ernst**	**Bajor**	Budapest	O.-R.-Sch.		14./7. 09	V.
8465	**Jean**	**Postinett**	Duisberg-Beeck	G.		14./7. 09	V.
8466	**Rudolf**	**Lang**	Brünnlitz	O.-R.-Sch.		14./7. 09	V.
8467	**Richard**	**Bing**	Berlin	G.		15./7. 09	V.
8468	**Heinrich**	**Franck**	Würzburg	G.		15./7. 09	V.
8469	**Michael**	**Kardos**	Szejed	R.-G.		15./7. 09	V.
8470	**Rudolf**	**Knobloch**	Berlin	O.-R.-Sch.		15./7. 09	V.
8471	**Andor**	**Revai**	Budapest	G.		15./7. 09	V.
8472	**Wilhelm**	**Schiller**	Lemberg	G.		15./7. 09	V.
8473	**Albert**	**Beielstein**	Stuttgart	O.-R.-Sch.		20./7. 09	V.
8474	**Georg**	**Kossolapoff**	Ssaratow	G.		20./7. 09	V.
8475	**Karl**	**Zacharzowsky**	Berlin	O.-R.-Sch.		20./7. 09	V.
8476	**Walter**	**Jacobi**	London	O.-R.-Sch.		20./7. 09	V.
W.-S. 09/10							
8477	**Dimitri**	**Butescu**	Filiora	Rumän. Oberlehrerexam.		11./3. 10	V.
8478	**Nicola**	**Missir**	Jassy	Lyc. Bacau		11./3. 10	V.
8479	**Profulla Chandra**	**Mitter**	Barisal (Bengal.)	Baccalaureus. Magister art.		11./3. 10	V.
8480	**Hans**	**Hörder**	Stettin	R.-G.		11./3. 10	V.
8481	**Anton**	**Fettmann**	Gyulaj	R.-Sch.		11./3. 10	V.
8482	**Eduard**	**Scheibe**	Hohenleipirch	G.		11./3. 10	V.
8483	**Silvio**	**Levi**	Fiume	G.		11./3. 10	V.
8484	**Géza**	**Aczél**	Nagykanisza	G.		17./3. 10	V.
8486	**Erwin**	**Renyi**	Budapest	G.		17./3. 10	V.

Anorg. Laboratorium der Königl. Techn. Hochschule zu Berlin. Fortsetzung.

Aufgedruckte No. der Zeugniskarte	Vorname	Zuname	Geburtsort	Vorbildung	Examinatoren	Datum der Ausfertigung	Art der Prüfung
W.-S. 09/10							
8487	Walter	Schwarz	Katharinenhütte (Rßld.)	G.	Erdmann	17./3. 10	V.
8488	Walter	Strehle	Sigmaringen	G.	Erdmann	17./3. 10	V.
8490	Karl	Otto	Dahlhausen	G.	Erdmann	18./3. 10	V.
8491	Ernst	Herrmuth	Orel (Rußland)	G.	Erdmann	18./3. 10	V.
8492	Rudolf	Csörsz	Budapest	G.	Erdmann	21./3. 10	V.
8493	Andrei	Constandachi	Jassy	R.-Sch.	Erdmann	21./3. 10	V.
8494	Emerich	Kemény	Nagykanisza	G.	Erdmann	21./3. 10	V.
8495	Max	Ornstein	Bacău	G.	Erdmann	21./3. 10	V.
8496	Jon	Paunescu	Craiova	G.	Erdmann	21./3. 10	V.
8497	Siegm.	Rosenberg	Budapest	G.	Erdmann	21./3. 10	V.
8498	Paul	Sadler	Saint-André	G.	Erdmann	21./3. 10	V.

Elektrochemisches Laboratorium der Königl. technischen Hochschule zu Berlin-Charlottenburg.

Aufgedruckte No. der Zeugniskarte	Vorname	Zuname	Geburtsort	Vorbildung	Examinatoren	Datum der Ausfertigung	Art der Prüfung
S.-S. 09							
7547	Hugo	Kunze	Münsterdorf (Holstein)	R.-G.	v. Knorre	16./7. 09	V.
7548	Otto	Proske	Wilhelminenhütte (Oberschl.)	O.-R.-Sch.	v. Knorre	16./7. 09	V.
7549	John	Harris	Ottawa (Ks.)	Highschool in Ottawa (Univ. Kansas studiert)	v. Knorre	16./7. 09	V.
W.-S. 09/10							
7550	Georg	Kallabis	Kattowitz	O.-R.-Sch.	v. Knorre	9./3. 10	V.
7551	Herbert	Arndt	Bogutschütz	O.-R.-Sch.	v. Knorre	9./3. 10	V.

Organisches Laboratorium der Technischen Hochschule zu Berlin.

Aufgedruckte No. der Zeugniskarte	Vorname	Zuname	Geburtsort	Vorbildung	Examinatoren	Datum der Ausfertigung	Art der Prüfung
S.-S. 09							
7620	Johann	Koopmann	Bremen	O.-R.-Sch.	Liebermann	15./6. 09	V.
W.-S. 09/10							
3550	Herbert	Pingoud	St. Petersburg	G.	v. Knorre Liebermann	13./11. 09	V. D.
7395	Raoul	Wolkenstein	Bukarest	O.-R.-Sch.	Erdmann Liebermann	20./11. 09	D.
7380	Oscar	Goldenberg	Krakau	O.-R.-Sch.	Erdmann Liebermann	20./11. 09	V. D.

Organisches Laboratorium der Technischen Hochschule zu Berlin. Fortsetzung.

Aufgedruckte No. der Zeugniskarte	Vorname	Zuname	Geburtsort	Vorbildung	Examinatoren	Datum der Ausfertigung	Art der Prüfung
W.-S. 09/10							
5514	**Ernst**	**Stahlschmidt**	Dessau	Einj.	E. Beckmann, Liebermann	14./12. 09	V.
7618	**Djutschieng**	**Scheh**	Tientsin (China)	Militärschule Tientsin	Liebermann	8./3. 10	V.

Technisch-Chemisches Laboratorium der Königl. Techn. Hochschule zu Berlin.

W.-S. 09/10							
8062	**Wilhelm**	**Beck**	Königsee (Schw.-bg.-Rudolstadt)	R.-G.	Witt	13./10. 09	V.

Chemisches Laboratorium der Königl. Landwirtschaftlichen Hochschule zu Berlin.

S.-S. 09							
7192	**Oscar**	**Finn**	Oelze	O.-R.-Sch.	Buchner	24./4. 09	
W.-S. 09/10							
7193	**Leo**	**Lichtenstadt**	Lodz	O.-R.-Sch. (Berlin)	Meisenheimer	6./12. 09	

Chemisches Institut der Universität Bonn.

S.-S. 09							
7088	**Curt**	**Bredt**	Barmen	G.	Anschütz	5./8. 09	
W.-S. 09/10							
8824	**Franz**	**de Wyl**	Bonn	G.	Anschütz	19./1. 10	
8822	**Fernand**	**Régis de Roman**	Lausanne	G.	Anschütz	23./2. 10	

Chem. Laboratorium der Techn. Hochschule Braunschweig.

W.-S. 09/10							
7669	**Karl**	**Bornhardt**	London	G.	R. Meyer	23./10. 09	V.
7670	**Otto**	**Fischer**	Rühle a. Weser	G.	R. Meyer	18./11. 09	D.
7671	**Sigfried**	**Schuster**	Gablonz i.Böhm.	Gew.-Ak.	R. Meyer	19./1. 10	V.
7672	**Kurt**	**Desamari**	Riga	R.-G.	R. Meyer	31./1. 10	D.

Pharmazeutisches Institut der Techn. Hochschule Braunschweig.

Aufgedruckte No. der Zeugniskarte	Vorname	Zuname	Geburtsort	Vorbildung	Examinatoren	Datum der Ausfertigung	Art der Prüfung
S.-S. 09							
8171	Josef	Altmann	Schildberg	Ap. I	Beckurts	15./5. 09	V.
8172	Arnold	Marcus	Posen	Ap.	Beckurts	15./5. 09	V.
8173	Arthur	Labriga	Birkenhain	Ap.	Beckurts	15./5. 09	V.
8174	Erich	Geih	Zwickau	Ap.	Beckurts	15./5. 09	V.
8175	Peter	Schmidt	Hadersleben	Ap. I	Beckurts	15./5. 09	V.
8176	Kurt	Treitel	Breslau	Ap.	Beckurts	28./5. 09	V.
8177	Ernst	Runne	Schöningen	G. Ab.	Beckurts	30./7. 09	D.
W.-S. 09/10							
8178	Carl	Proppe	Paderborn	Ap. I	Beckurts	1./12. 09	V.
8179	Werner	Renneberg	Schlewecke	Ap. I	Beckurts	8./12. 09	V.
8180	Hugo	Glaser	Brieg	Ap.	Beckurts	18./2. 10	V.
8181	Adolf	Lewin	Wrotzschin	Ap.	Beckurts	18./2. 10	V.
8182	Ludwig	Amard	Metz	Ap. I	Beckurts	18./2. 10	V.
8183	Carl	Förder	Wongrowitz	Ap. I	Beckurts	18./2. 10	V.
8184	Paul	Bäumer	Schwalenberg	Ap. I	Beckurts	18./2. 10	V.
8185	Bernhard	Arensberg	Blomberg	G. Ab.	Beckurts	28./2. 10	V.
8186	Fritz	Kölling	Zerbst	Ap. I	Beckurts	6./3. 10	V.

Chemisches Institut der Universität Breslau.

Aufgedruckte No. der Zeugniskarte	Vorname	Zuname	Geburtsort	Vorbildung	Examinatoren	Datum der Ausfertigung	Art der Prüfung
S.-S. 09							
7588	Curt	Freytag	Dorfbach (Kr. Waldenbg.)	R.-G.-Ab.	i. V. Abegg	10./5. 09	V.
7589	Hans	Deutsch	Leipzig	G.-Ab.	i. V. Abegg	25./5. 09	V.
7590	Wladimir	Gawrilow	Taschkent	G.-Ab. (Rußl.)	i. V. Abegg	18./6. 09	V.
7591	Otto	Kruber	Festenberg	Ob.-R-Sch-Ab.	i. V. Abegg	26./7. 09	V.
7592	Alice	Oelsner	Breslau	R.-G.-Ab.	i. V. Abegg	29./7. 09	V.
7593	Ernst	Schwen	Tarnowitz	R.-G.-Ab.	i. V. Abegg	30./7. 09	V.
7594	Alexand.	Vieweger	Kosten (Pos.)	G.-Ab.	i. V. Abegg	31./7. 09	V.

Pharmazeutisches Institut der Universität Breslau.

Aufgedruckte No. der Zeugniskarte	Vorname	Zuname	Geburtsort	Vorbildung	Examinatoren	Datum der Ausfertigung	Art der Prüfung
S.-S. 09							
5035	Heinrich	Gebert	Berlin	G. IIa Ap. II	Gadamer	28./7. 09	
5036	Marie	Voltz	Schwientochlowitz	Höh. Töcht.-Schule	Gadamer	4./8. 09	

Anorganisches und organisches Laboratorium der technischen Hochschule zu Danzig.

Aufgedruckte No. der Zeugniskarte	Vorname	Zuname	Geburtsort	Vorbildung	Examinatoren	Datum der Ausfertigung	Art der Prüfung
S.-S. 09							
7808	Walter	Martin	Gablonz a. d. N.	Gew.-Ak.		24./5. 09	V.
W.-S. 09/10							
8501	Arnold	Deutschland	Danzig	O.-R.-Sch.		5./10. 09	V.
8502	Hans	Rathsburg	Chemnitz	Gew.-Ak.		3./2. 10	V.
8504	Friedr.	Tschirch	Gera	Gew.-Ak.		10./3. 10	V.
	Wilh.				Ruff		
8505	Erich	Hase	Altenburg	Gew.-Ak.	Wohl	10./3. 10	V.
8507	Sigism.	Scherdel	Schwarzenbach	Ind.-Sch.		18./4. 10	D.
8508	Reinhold	Kummer	Neufahrwasser	G.		19./4. 10	D.
8509	Lothar	Friedrich	Danzig	O.-R.-Sch.		19./4. 10	D.
8510	Hans	Schladebach	Dresden	Gew.-Ak.		19./4. 10	D.
7807	Hugo	Krumreich	Gumbinnen	R.-G.		19./4. 10	D.

Chemisches Institut der Technischen Hochschule zu Darmstadt.

S.-S. 09							
7912	Heinrich	Rollhäuser	Frankfurt a. M.	O.-R.-Sch.		24./4. 09	D.
7913	Georg	Heimburger	St. Petersburg	G.		27./4. 09	V.
7914	Paul	Kertesz	Stuhlweißenburg	R.-G.		28./5. 09	D.
7915	Alfred	Hönig	Dortmund	R.-G.		22./7. 09	V.
7916	Ernst	Schutt	Mannheim	R.-G.		22./7. 09	V.
7917	Heinrich	Szydlowski	Moskau	G. abs. d. St. Peter-Paul-Kirchenschule Moskau	Staedel	22./7. 09	V.
W.-S. 09/10							
7918	Franz	Reiffel	Weinheim	R.-G.		29./10. 09	V.
7920	Wilhelm	Siemers	Garding	R.-G.		7./2. 10	D.
7919	Adolf	Dehn	Reinheim i. O.	Ap.		8./3. 10	V.

Anorganisches Laboratorium und Organisch-chemisches Laboratorium der Technischen Hochschule Dresden.

S.-S. 09							
8340	Max	Moeller	Hannover	G.-Ab.		19./4. 09	D.
8341	Eduard	Redlhammer	Gablonz (Böhm.)	O.-R.-Sch.-Ab. Reichenberg	W. Hempel	19./4. 09	D.
8342	Christen	Schreuder	Ljan (Norwegen)	R.-G.-Ab.	E. v. Meyer	19./4. 09	D.
8343	Georg	Hering	Riesa	Gew.-Ak.		19./4. 09	D.
8344	Johannes	Woost	Kreischa	G.-Ab.		20./4. 09	D.

Anorganisches Laboratorium und Organisch-chemisches Laboratorium der Technischen Hochschule Dresden. Fortsetzung.

Aufgedruckte No. der Zeugniskarte	Vorname	Zuname	Geburtsort	Vorbildung	Examinatoren	Datum der Ausfertigung	Art der Prüfung
S.-S. 09							
8345	Wssewolod	v. Ismailsky	Wilna (Rußld.)	G.-Ab.		20./4. 09	D.
8346	Manuel	Schorokoff	Taschkent (Rßl.)	G. Taschk.Ab.		20./4. 09	D.
8347	Raymund	Göbel	Namur (Belgien)	G.-Ab.		21./4. 09	D.
8348	Berthold	Kayser	Dresden	R.-G.-Ab.		21./4. 09	D.
8349	Herbert	Wolfram	Roedelheim (Hessen)	R.-G.-Ab.		21./4. 09	D.
8350	Paul	Berge	Köslin	R.-G.-Ab.		15./7. 09	D.
8351	Hans	Brehm	Neu-Brandenbg.	G.-Ab.		15./7. 09	D.
8352	Bruno	Striegler	Gedewitz (Sachs.)	G.-Ab.		15./7. 09	D.
8355	Morten	Fladmark	Aalesund (Norw.)	R.-G.-Ab.		16./7. 09	D.
8356	Johannes	Martin	Dresden	R.-G.-Ab.		16./7. 09	D.
8357	José Maria	Monserrat	Saragossa (Span.)	B. S.		21./7. 09	D.
8358	Santiago	de Ugarte	Bilbao (Spanien)	B. S.		22./7. 09	V.
8359	Leo	v. Haupt-Stummer	Wien	G.-Ab. Budapest	W. Hempel	21./7. 09	D.
W.-S. 09/10					E. v. Meyer		
8360	Reidar	Blom	Christiania (Norwegen)	R.-G.-Ab.		14./10. 09	D.
8361	Walter	Bormann	Dresden	R.-G.-Ab.		14./10. 09	D.
8362	Bernhard	Stöhr	Zittau	O.-R.-Sch.-Ab. Reichenberg		14./10. 09	D.
8363	Eduard	Blum	Charlottenburg	G.-Ab.		14./10. 09	D.
8364	Thor	Mejdell	Christiania (Norwegen)	R.-G.-Ab.		15./10. 09	D.
8365	Anton	v. Zackrzewski	Stawischtsche (Rußland)	G.-Ab. Bielaja-Cerkow		15./10 09.	D.
8366	Johannes	Jahn	Dresden	G.-Ab.		15./10. 09	D.
8367	Hans	Böhm	Berlin	G.-Ab.		8./2. 10	D.
8368	Kurt	Heß	Elberfeld	R.-G.-Ab.		8./2. 10	D.
8369	Arthur	Chitz, Dr. phil.	Prag	G.-Ab.		8./2. 10	D.
8370	Hans	Stötzer	Leipzig	R.-G.-Ab.		8./2. 10	D.
8371	Max	Räßler	Bockwa (Sachs.)	Gew.-Ak.		8./2. 10	D.
8156	Franz	Herrschel	Bockwa (Sachs.)	R.-G.-Ab.	E. Beckmann, E. v. Meyer	8./2. 10	V.

Chemisches Laboratorium der Universität Erlangen.

Aufgedruckte No. der Zeugniskarte	Vorname	Zuname	Geburtsort	Vorbildung	Examinatoren	Datum der Ausfertigung	Art der Prüfung
S.-S. 09							
6749	Dietrich	Hoyermann	Nürnberg	G.	O. Fischer	19./5. 09	V.
6745	Otto	Limpach	Höchst a. M.	G.		19./5. 09	V.

Chemisches Laboratorium der Universität Erlangen. Fortsetzung.

Aufgedruckte No. der Zeugniskarte	Vorname	Zuname	Geburtsort	Vorbildung	Examinatoren	Datum der Ausfertigung	Art der Prüfung
S.-S. 09							
6758	Karl	Baum	Höchst a. M.	G.	O. Fischer	6./7. 09	V.
6748	Richard	Ruppenthal	Ludwigshafen a. Rh.	G.	O. Fischer	6./7. 09	V.
6754	Michael	Rieß	Lauf	G.	O. Fischer	31./7. 09	V.
6759	Karl	Maisch	Neu-Ulm	R.-G.	O. Fischer	31./7. 09	V.
W.-S. 09/10							
7248	Peter	Neber	Altenbaumburg	G.	Th. Curtius, O. Fischer	27./10. 09	V.
6751	Friedrich	Bauriedel	Nürnberg	R.-G.	O. Fischer	27./10. 09	V.
6755	August	Sapper	Ludwigshafen a. Rh.	G.	O. Fischer	13./11. 09	V.
8095	Hans	Micheler	Wiesau	R.-G.	O. Fischer	17./12. 09	V.
6756	Emil	Debler	Eisleben	G.	O. Fischer	22./10. 10	V.

Pharm.-chem. Institut der Universität Erlangen.

S.-S. 09							
7762	Christian	Hohenegger	Erlangen	Ap. I	C. Paal	7./5. 09	
7763	Gustav	Brünjes	Neuenwalde	Ap. I	C. Paal	11./5. 09	
7764	Arthur	Karl	München	Ap. I	C. Paal	17./5. 09	
7765	Anton	Schwarz	Düsseldorf	Ap. I	C. Paal	17./6. 09	
7767	Erdmann	Windisch	Kirchahorn	Ap. I	C. Paal	23./7. 09	

Chemisches Laboratorium der Universität Freiburg i. B. (philosoph. Abt.).

S.-S. 06							
4712	Alfred	Suchier	Birstein	G.-Ab.	Gattermann	9./7. 06	
S.-S. 09							
7474	Ernst	Schwarz	Arnsberg	G.-Ab. Dr.jur.	Gattermann	4./5. 09	
7472	Gustav	Rühle	Berlin	R.-G.-Ab.	Gattermann	7./5. 09	
7475	Bruno	Albert	Wellendingen	G.-Ab.	Gattermann	14./5. 09	
7081	Josef	Schäfer	Atzgersdorf *	G.-A.	Anschütz, Gattermann	9./6. 09	
8197	Otto	Kupfer	Frankfurt a. M.	R.-G.-Ab.	Gattermann	9./6. 09	
7479	Max	Plocksties	Utzkurwe	R.-G.-Ab.	Gattermann	12./7. 09	
7427	Wilhelm	Hornlehnert	Oppenheim	G.-Ab.	E. Fischer, Gattermann	22./7. 09	
8195	Erich	Stamm	Frankfurt a. M.	G.-Ab.	Gattermann	22./7. 09	
8192	Fritz	Haas	Haslach i. K.	O.-R.-Sch.-Ab.	Gattermann	27./7. 09	
7480	Otto	Steinhäußler	Sulzburg	G.-Ab.	Gattermann	6./8. 09	

Chemisches Laboratorium der Universität Freiburg i. B. (philosoph. Abt.).

Fortsetzung.

Aufgedruckte No. der Zeugniskarte	Vorname	Zuname	Geburtsort	Vorbildung	Examinatoren	Datum der Ausfertigung	Art der Prüfung
W.-S. 09/10							
7478	Wilhelm	Bender	Hüningen i. Els.	G.-Ab.	Gattermann	29./10. 09	
8191	Jakob Georg	Zahn	Mannheim	R.-G.-Ab.	Gattermann	12./11. 09	
7420	Walter	Fränkel	Berlin	G.-Ab.	E. Fischer Gattermann	20./12. 09	
8206	Emil	Hubert	Mainz	G.-Ab.	Gattermann	17./1. 10	
8199	Hermann	Opitz	Artern	G.-Ab.	Gattermann	31./1. 10	
8207	Theodor	Tesdorpf	Stuttgart	O.-R.-Sch. Ab.	Gattermann	31./1. 10	
7887	Walter	Ost	Hannover	G.-Ab.	Seubert Gattermann	17./2. 10	
8214	Boris	v. Scherschawitsky	Romny	R.-G.-Ab.	Gattermann	28./2. 10	
8203	Fritz	Schick	Mülhausen i. Els.	O.-R.-Sch. Ab.	Gattermann	10./3. 10	

Chemisches Laboratorium der Universität Freiburg i. B. (mediz. Abt.)

W.-S. 09/10							
7524	Johannes	Adamla	Aurich	G.-Ab. Ap. II	Kiliani	13./2. 10	

Chemisches Universitätslaboratorium Gießen.

S.-S. 09							
7735	Heinrich	Lotz	Erzhausen	O.-R.-Sch.-Ab.	Alex. Naumann	3./5. 09	
7736	Bruno	Davids	Hamburg	O.-R.-Sch.-Ab.	Alex. Naumann	6./5. 09	
7737	Wilhelm	Krieg	Gustavsburg b. Mainz	G.-Ab.	Alex. Naumann	14./7. 09	
7738	Peter	Stautz	Mainz	R.-G.-Ab.	Alex. Naumann	14./7. 09	
7739	Jakob	Pawlotzky	Rostoff am Don	G. abs. I b.	Alex. Naumann	11./8. 09	
7740	Wulf	Schapiro	Moskau	R.-Sch. abs. I	Alex. Naumann	11./8. 09	
8571	Friedrich	Ploch	Alsfeld	R.-G.-Ab.	Alex. Naumann	11./8. 09	
8572	Arthur	Schäfer	Mainz	R.-G.-Ab.	Alex. Naumann	13./8. 09	
W.-S. 09/10							
8573	Friedrich	Becker	Gießen	O.-R.-Sch. Ab.	Alex. Naumann	8./11. 09	
8574	Egon	Meier	Friedberg	G.-Ab.	Alex. Naumann	8./11. 09	
8575	Moses	Sackheim	Wilky	G.-Ab.	Alex. Naumann	7./12. 09	
8576	August	Bertges	Worms	G.-Ab.	Alex. Naumann	24./2. 10	
8577	Hermann	Leidolf	Mühlhausen (Th.)	G.-Ab.	Alex. Naumann	24./2. 10	
8578	Fritz	Lenhardt	Worms	G.-Ab.	Alex. Naumann	24./2. 10	
8579	Richard	Holschuh	Gauheppenheim (Rheinhessen)	R.-G.-Ab.	Alex. Naumann	25./2. 10	

Chemisches Universitätslaboratorium Gießen. Fortsetzung.

Aufgedruckte No. der Zeugniskarte	Vorname	Zuname	Geburtsort	Vorbildung	Examinatoren	Datum der Ausfertigung	Art der Prüfung
W.-S. 09/10							
8580	**Otto**	**Würtenberger**	Rothenberg im Odenwald	G.-Ab.	Alex. Naumann	25./2. 10	
8581	**Gersch**	**Kolomoizew**	Cherson	6-klass. russ. R.-Sch. abs.	Alex. Naumann	10./3. 10	

Physikalisch-chemisches Laboratorium der Universität Gießen.

W.-S. 09/10							
7281	**Hans**	**Lerch**	Friedenau	G. abs. I b.	Elbs	11./2. 10	
7289	**Renzo**	**Giulini**	Heidelberg	G.-Ab.	Elbs	28./2. 10	

Allgemeines Chemisches Universitäts-Laboratorium Göttingen.

S.-S. 09							
8010	**Fritz**	**Henjes**	Winnighausen	O.-R.-Sch. Ab.	Wallach	16./6. 09	
8011	**Erwin**	**Anger**	Göttingen	R.-G.-Ab.	Wallach	16./6. 09	
7483	**Ludwig**	**Oldenberg**	Berlin	G.-Ab.	Harries Wallach	16./6. 09	
7745	**Paul**	**Oppenheimer**	Straßburg	O.-R.-Sch.-Ab.	Nernst Wallach	16./6. 09	
8012	**Hermann**	**Meyer**	Adelebsen	R.-G.-Ab.	Wallach	22./7. 09	
8013	**Alexand.**	**Böhtlingk**	Petersburg	O.-R.-Sch. Ab.	Wallach	22./7. 09	
8014	**Ernst**	**Frank**	Frankfurt a. M.	Ap. Ex. (II)	Wallach	22./7. 09	
W.-S. 09/10							
8015	**Dimitr**	**Rantscheff**	Eske-Djomaja	G.-Ab.	Wallach	3./11. 09	
8016	**Gottfried**	**Herrmann**	Wallhausen	G.-Ab.	Wallach	3./11. 09	
8017	**Ernst**	**Sirringhaus**	Sundwig	R.-G.-Ab.	Wallach	3./11. 09	
8018	**Gerhard**	**Heyne**	Göttingen	G.-Ab.	Wallach	3./11. 09	
8019	**Walter**	**Haworth**	Chorley	B. u. M. S.	Wallach	3./2. 10	
8020	**Alois**	**Steinich**	Klein-Helmsdorf	G.-Ab.	Wallach	15./2. 10	
8021	**Eduard**	**Moser**	Bromberg	G.-Ab.	Wallach	15./2. 10	
8111	**Herbert**	**Bahr**	Hamburg	O.-R.-Sch. Ab.	Wallach	15./2. 10	
8022	**Hermann**	**Mozer**	Malchin	G.-Ab.	Wallach	15./2. 10	
8023	**Wilhelm**	**Bachmann**	Kassel	G.-Ab.	Wallach	15./2. 10	

Agrikultur-chemisches Laboratorium der Universität Göttingen.

Aufgedruckte No. der Zeugniskarte	Vorname	Zuname	Geburtsort	Vorbildung	Examinatoren	Datum der Ausfertigung	Art der Prüfung
S.-S. 09							
7952	Carl	Henneberg	Lage (Lippe-Detmold)	G.	B. Tollens	5./8. 09	
W.-S. 09/10							
7954	Robert	Gilmour	Cameron Bridge (Schottland)	Royal academical Institution in Belfast	B. Tollens	15./12. 09	
7955	Erwin	Meyer	Wetzlar	G.	B. Tollens	28./2. 10	

Chemisches Institut der Universität Greifswald.

Aufgedruckte No. der Zeugniskarte	Vorname	Zuname	Geburtsort	Vorbildung	Examinatoren	Datum der Ausfertigung	Art der Prüfung
S.-S. 09							
7151	Karl	Rohde	Eldena	G.-Ab.	K. Auwers	26./4. 09	
W.-S. 09/10							
7254	Philipp	Ellinger	Frankfurt a. M.	G.-Ab.	Th. Curtius K. Auwers	18./11. 09	
7153	Walter	Murawski	Stettin	R.-G.-Ab.	K. Auwers	20./12. 09	

Chemisches Institut der Universität Halle a. S.

Aufgedruckte No. der Zeugniskarte	Vorname	Zuname	Geburtsort	Vorbildung	Examinatoren	Datum der Ausfertigung	Art der Prüfung
S.-S. 09							
7991	Walter	Riedel	Magdeburg	R.-G. abs.		30./7. 09	V.
7992	Karl	Eicke	Schortewitz (Anhalt)	R.-G. abs.	Vorländer	12./8. 09	
W.-S. 09/10							
7993	Gert	Nel	Greytown (Nat.)	B. S.	Vorländer	23./11. 09	
7994	Otto	Nolte	Schwanebeck	O.-R.-S. abs.	Vorländer	23./11. 09	
7473	Franz	Korn	Burg	O.-R.-S. abs.	Gattermann Vorländer	20./12. 09	
7995	Hermann	Brinckmann	Hornburg (Bz. Magdeburg)	G. abs.	Vorländer	20./12. 09	
7996	Erich	Däumer	Lüdenscheid (Westfalen)	R.-G. abs.	Vorländer	11./2. 10	
7997	Edgar	Rack	Hornburg (Kr. Halberstadt)	G. abs.	Vorländer	11./2. 10	
7998	Alfred	Schumrick	Gr.-Eicklingen (Hannover)	G. abs.	Vorländer	28./ 2. 10	

Technische Hochschule Hannover. Laboratorium für anorganische Chemie.

Aufgedruckte No. der Zeugniskarte	Vorname	Zuname	Geburtsort	Vorbildung	Examinatoren	Datum der Ausfertigung	Art der Prüfung
S.-S. 09							
7878	Hugo	v. Buttlar	Traunstein	G.		26./4. 09	D.
7879	Philipp	Koenig	Schlüchtern	G.		26./4. 09	D.
7880	Otto	Kurz	Müllheim (Bad.)	O.-R.-Sch.		26./4. 09	D.
7881	Otto	Nottbohm	Eixe	O.-R.-Sch.		26./4. 09	D.
7882	Karl	Robin	Hannover	O.-R.-Sch.		26./4. 09	D.
7883	Kurt	Sachtleben	Krefeld	R.-G.	Seubert	26./4. 09	D.
7884	Friedrich	Sommer	Hamm	G.	Behrend	26./4. 09	D.
7885	Ernesto	Mestanza	Quito (Ecuador)	G.		6./7. 09	V.
7886	Julius	Görbitz	Hamburg	Einj.		30./7. 09	V.
W.-S. 09/10							
7888	Kurt	Kirschten	St. Petersburg	O.-R.-Sch.		16./10. 09	D.

Chemisches Universitäts-Laboratorium Heidelberg.

S.-S. 09						
7255	William	Millar	Edinburgh	M. A. u. M. S.		22./4. 09
7256	Robert	Leiste	Riga	Ing.-Dipl. russ. R.	Curtius	29./4. 09
7243	Julius	Laux	Kolmar	G.		15./5. 09
7467	Maria	Fellner	Frankfurt a. M.	R.-G.	Gattermann Curtius	15./7. 09
W.-S. 09/10						
5333	Boleslaw	Adamczewsky	Mannheim	G.		8./11. 09
8267	Thomas	Blachadder	Broughty-Ferry (Schottland)	B. S.		16./11. 09
8268	Jermain	Creighton	Halifax	M. A. u. M. S.		16./11. 09
8269	Paul	Fiske	Plainfield (New-Jersey)	B. A.		16./11. 09
8270	John	Rue	Dutch Neck (New-Jersey)	B. S. u. M. A.		16./11. 09
7260	Carl	Krauch	Darmstadt	G.		10./12. 09
8262	Hermann	Thiemann	Lünen	IIa Ap. Ex. I	Curtius	10./12. 09
8273	Isaac	Moses	London	B. S.		20./12. 09
8275	William	Zimmerli	New-York	B. S.		15./1. 10
7257	Ernst	Theobald	Mannheim	G.		2./3. 10
8264	Heinrich	Kahlenberg	Montigny	G.		2./3. 10
8265	Hans	Spannagel	Ludwigshafen a. Rh.	G.		2./3. 10
7244	Albert	Held	Eßlingen	O.-R.-Sch.		3./3. 10
7249	Ernesto	Fellmer	Santiago	G.		3./3. 10
8261	Leopold	Braude	Bierstadt	R.-G.		3./3. 10

Laboratorium des Prof. F. Krafft in Heidelberg.

Aufgedruckte No. der Zeugniskarte	Vorname	Zuname	Geburtsort	Vorbildung	Examinatoren	Datum der Ausfertigung	Art der Prüfung
S.-S. 09							
7566	Ernst	Bartha	Gernsheim	R.-G.-Ab.		23./6. 09	
7573	Fritz	Wechselmann	Breslau	G. IIa.	Krafft	8./7. 09	
W.-S. 09/10							
7575	Alfons	Brehm	Baltringen	G.-Ab.	Krafft	21./12. 09	
7568	Walther	Samm	Mergenthau	Ind.-Sch.	Krafft	4./2. 10	
7569	Willy A.	Schlesinger	New-York	G.-Ab.		15./2. 10	

Universitäts-Laboratorium Jena.

Aufgedruckte No. der Zeugniskarte	Vorname	Zuname	Geburtsort	Vorbildung	Examinatoren	Datum der Ausfertigung	Art der Prüfung
S.-S. 09							
7217	Hermann	Siemens	Berlin	G.	Knorr	28./5. 09	
8154	Julius	Hallensleben	Nordhausen	Ap. I.	Knorr	27./7. 09	
7218	Joseph	Laurent	Aachen	Ap. I.	Knorr	27./7. 09	
7219	Ottomar	Wolff	Turek	G.	Knorr	27./7. 09	
7220	Alfred	Seeberg	Riga	Hand.-Sch.	Knorr	27./7. 09	
W.-S. 09/10							
8382	Hans	Mayen	Graudenz	Ap. I	Knorr	19./11. 09	
8383	Mejer	Kiziss	Kilia	O.-R.-Sch.	Knorr	19./11. 09	
8384	Hermann	Rodewald	Zeitz	G.	Beckmann	19./11. 09	
8155	Walter	Boltze	Vogelsberg	Ap. I	Beckmann	29./11. 09	
7012	Otto	Rothe	Weimar	G.	Knorr	17./12. 09	
8385	Otto	Wille	Jena	G.	Knorr	10./1. 10	
8386	Ludwig	Millbradt	Grube Ilse Niederlausnitz	R. G.	Knorr	10./1. 10	
8381	Willy	Schatz	Greußen	R.-G.	Knorr	3./3. 10	

Chemisches Laboratorium der Technischen Hochschule zu Karlsruhe.

Aufgedruckte No. der Zeugniskarte	Vorname	Zuname	Geburtsort	Vorbildung	Examinatoren	Datum der Ausfertigung	Art der Prüfung
S.-S. 09							
7302	Otto	Weil	Ottweiler	R.-G.	Engler	29./4. 09	V.
5814	Boris	Jürgens	Moskau	G.	Gattermann Engler	21./7. 09	D.
W.-S. 09/10							
7332	Ludwig	Hauck	Haßloch	Ind.-Sch.	Engler	10./12. 09	D.
7333	Oskar	von Arx	Olten	Kant.-Sch.	Engler	13./12. 09	D.
7334	Stanisl.	Bereza	Lipno	G.	Engler	13./12. 09	D.
7336	August	Meier	Baden-Baden	R.-G.	Engler	13./12. 09	D.
7337	Gorton	Fonda	New-York	Gramar and High	Engler	13./12. 09	D.
7338	Sigism.	v. Schappringer	Pecs	O.-R.-Sch.	Engler	13./12. 09	D.

Chemisches Laboratorium der Technischen Hochschule zu Karlsruhe. Fortsetzung.

Aufgedruckte No. der Zeugniskarte	Vorname	Zuname	Geburtsort	Vorbildung	Examinatoren	Datum der Ausfertigung	Art der Prüfung
W.-S. 09/10							
7339	Chaim	Vogelsohn	Welisch	G.	Engler	13./12. 09	D.
7340	Note	Grünstein	Kowno	G.		13./12. 09	D.
7343	Georg	Kirchhoff	Moskau	Kom.-Sch.		13./12. 09	D.
7344	Eilif	Platou	Christiania	Lat. u. R.-Sch.		13./12. 09	D.
7345	Hypolit	Stockmann	Warschau	R.-Sch.		13./12. 09	D.
7346	Juljan	Buchwitz	Plotzk	G.		13./12. 09	D.
7347	Alfred	Maschke	Straßburg	O.-R.-Sch.		13./12. 09	D.
7348	Walter	Seeger	Dortmund	R.-G.		13./12. 09	D.
7349	Adolf	Viehoff	Sargemünd	G.		13./12. 09	D.
7350	Herman	Horn	Regensberg	G.		13./12. 09	D.
8641	Alex.	Ekerkunst	Warschau	G.		25./1. 10	D.
8642	Theodor	Richert	Buchsweiler	G.		25./1. 10	D.
8645	Rudolf	Hauser	Werschetz	O.-R.-Sch.		30./3. 10	D.
8646	Eugen	Anthes	Ludwigshafen	G.		30./3. 10	D.
8647	José	de Olano	Amorebieta	O.-R.-Sch.		30./3. 10	D.
8648	Hialmar	Sandsjoe	Skimarvik	G.		30./3. 10	D.
8649	Ernst	Schlumberger	Lindau	R.-G.		30./3. 10	D.
8650	Leon	Weißmann	Tarnopol	O.-R.-Sch.		30./3. 10	D.
8651	Emerich	Czakó	Budapest	G.		30./3. 10	D.
8652	Vasile	Gheorghin	Turn-Severin	G.		30./3. 10	D.
8653	Wilhelm	Sacharoff	Petersburg	R.-Sch.		30./3. 10	D.
8654	Jon	Trancu	Galatz	G.		30./3. 10	D.
8655	Arkady	Wolokitin	Nowotrowizk	R.-Sch.		30./3. 10	D.

Chemisches Institut der Universität Kiel.

Aufgedruckte No. der Zeugniskarte	Vorname	Zuname	Geburtsort	Vorbildung	Examinatoren	Datum der Ausfertigung	Art der Prüfung
S.-S. 09							
7489	Rudolf	Meyring	Wulfrath (Rhpr.)	O.-R.-Sch. IIA Ap. II	Harries	14./5. 09	
7491	Karl	Neresheimer	Assenbuch b. München	G.		26./7. 09	
W.-S. 09/10							
6216	Ernst	Topp	Lennbach b. Mansfeld	G.		11./11. 09	
7022	Hugo	Hesse	Goslar	G.	Hantzsch Harries	11./11. 09	
7490	Clemens	Bergell	Quastenburg Meckl.-Str.	G.	Harries	16./11. 09	
6690	Gustav	Ritter	Lübeck	R.-Sch.	Hantzsch Harries	20./12. 09	
7488	Hans	Wingenroth	Mannheim	G.	Harries	20./12. 09	
8113	Karl	Reidemeister	Schoenebeck	O.-R.-Sch.	Classen Harries	8./3. 10	

Agrikultur-chemisches Institut der Universität Königsberg.

Aufgedruckte No. der Zeugniskarte	Vorname	Zuname	Geburtsort	Vorbildung	Examinatoren	Datum der Ausfertigung	Art der Prüfung
S.-S. 09							
7893	Otto	v. d. Ropp	Dagelin (Rußld.)	R.	Stutzer	14./8. 09	
W.-S. 09/10							
7894	Berthold	Diosegi	Gumbinnen (Ostpr.)	G. (Primareife)		20./12. 09	

Chemisches Laboratorium der Universität Leipzig.

Aufgedruckte No. der Zeugniskarte	Vorname	Zuname	Geburtsort	Vorbildung	Examinatoren	Datum der Ausfertigung	Art der Prüfung
S.-S. 09							
7023	Werner	Hoffmann	Zeitz	G.-Ab.	Hantzsch	20./4. 09	V.
7024	Fritz	Gajewski	Pillau	Ap. I		27./4. 09	V.
7025	Michael	Schalamberidse	Tiflis	G.-Ab.		9./5. 09	V.
7026	Kurt	Thormann	Altenburg	G.-Ab.		21./5. 09	V.
7027	Hermann	Krumhaar	Coethen	G.-Ab.		24./5. 09	V.
7029	Ewald	Draeger	Grünheide (Ostpreußen)	R.-G.-Ab.		6./7. 09	V.
7030	Walter	Beck	Leipzig	R.-G.-Ab.		7./7. 09	V.
7131	Fritz	Reuß	Eilenburg	R.-G.-Ab.		19./7. 09	V.
7033	Otto	Schumann	Dobrilugk	Einj.		27./7. 09	V.
W.-S. 09/10							
7034	Willy	Graefe	Zwickau i. S.	R.-G.-Ab.		21./10. 09	V.
7036	Spyro	Kyropoulos	Leipzig	R.-G.-Ab.		30./10. 09	V.
7038	Juvenalis	Rubinsky	Menselinsk	G.-Ab.		12./11. 09	V.
7039	Richard	Brohmer	Freyburg a. U.	G.-Ab.		18./11. 09	V.
8611	Ernst	v. Rosen	Reval	G.-Ab.		7./2. 10	V.
8613	Nerses	Bagdasarianz	Schuscha (Kaukasus)	R.-Sch. Tiflis		1./3. 10	V.
8614	Wilhelm	Bonewitz	Eisenach	R.-G.-Ab.		2./3. 10	V.

Physik.-chemisches Institut der Universität Leipzig.

Aufgedruckte No. der Zeugniskarte	Vorname	Zuname	Geburtsort	Vorbildung	Examinatoren	Datum der Ausfertigung	Art der Prüfung
S.-S. 09							
7065	Nikolaus	Barbaschinoff	Beschetzk (Rußl.)	G. 8. Kl. Twer	Le Blanc	23./4. 09	
7055	Paul	Baumann	Plauen	R.-G. abs.		27./4. 09	
7063	Sigism.	v. Kowalski	Mniszow (Russ.-Polen)	G. Krakau abs.		22./7. 09	
W.-S. 09/10							
7069	Isey	Flaks	Suwenischki	G. 8 Kl. Jaroslaw		11./11. 09	

Laboratorium für angewandte Chemie der Universität Leipzig.

Aufgedruckte No. der Zeugniskarte	Vorname	Zuname	Geburtsort	Vorbildung	Examinatoren	Datum der Ausfertigung	Art der Prüfung
S.-S. 09							
8158	Paul	Drechsler	Pilsen	G.-Ab.	Beckmann	23./6. 09	
7016	Erich	Oeltze	Altenweddingen	G. Ia.	Beckmann	20./7. 09	
8162	Hermann	Schacht	Schönberg Mecklenburg	R.-G. Ia	Beckmann	20./7. 09	
8157	Hans	Fischer	Carolath, Schles.	Einj.	Beckmann	22./7. 09	
7020	Alexis	Blumer	Zwickau	R.-G. IIa	Beckmann	26./7. 09	
8151	Kurt	Meyer	Leipzig	R.-G.-Ab.	Beckmann	26./7. 09	
7011	Max	Ziem	Barge	G.-Ab.	Beckmann	27./7. 09	
W.-S. 09/10							
8159	Leo	Ehrhardt	Weimar	Einj.	Beckmann	18./10. 09	
8595	Willy	Borck	Stolpmünde	G.-Ab., Ap.	Beckmann	22./11. 09	
8152	Paul	Oppermann	Bernburg	R.-G.-Ab.	Beckmann	16./12. 09	
8163	Hans	Lindner	Lehesten	G.-Ab.	Beckmann	12./1. 10	
8165	Carl	Schröder	Rummelsburg	R.-G. IIa Ap. I	Beckmann	16./2. 10	
8168	Georg	Kretzschmar	Roßwein	G.-Ab.	Beckmann	28./2. 10	
7032	Hermann	Oehme	Leipzig	G.-Ab.	Beckmann	28./2. 10	
8612	Albert	Hein	Wiesbaden	G.-Ab.	Beckmann	28./2. 10	

Chem. Laboratorium des physiologischen Instituts der Universität Leipzig.

S.-S. 09							
7044	Bruno	Streubel	Ebersbach	R.-G.	M. Siegfried	18./5. 09	
W.-S. 09/10							
7040	Paul Martin	Ahner	Miltitz b. Meißen	G. Primareife	M. Siegfried	4./12. 09	
7045	Heinrich	Reppin	Leipzig	G.	M. Siegfried	8./3. 10	

Chemisches Institut der Universität Marburg.

S.-S. 09							
8082	Friedrich	Schubart	Frankfurt a. M.	G. Ab.	Zincke	21./4. 09	
8085	Otto	Wicke	Barmen	O.-R.-S. Ab.	Zincke	24./4. 09	
8086	Ernst	Vatter	Wiesbaden	O.-R.-S. Ab.	Zincke	30./4. 09	
8084	Ernst	Staudinger	Weißenburg	G. IIb	Zincke	30.4/. 09	
8089	Theodor	Goost	Langerfeld	O.-R.-Sch. Ab.	Zincke	17./6. 09	
8090	Franz	Schütz	Hanau	O.-R.-Sch. Ab.	Zincke	15./7. 09	
7424	Georg	Weißpfenning	Danzig	G. IIa	E. Fischer, Zincke	21./7. 09	
8088	Ernst	Roth	Gera	G.-Ab.	Zincke	6./8. 09	

Chemisches Institut der Universität Marburg. Fortsetzung.

Aufgedruckte No. der Zeugniskarte	Vorname	Zuname	Geburtsort	Vorbildung	Examinatoren	Datum der Ausfertigung	Art der Prüfung
W.-S. 09/10							
8521	Erich	Bartholomeus	Eschwege	O.-R.-Sch. Ab.		26./10. 09	
8522	Hans	Zickler	Cassel	R.-G.-Ab.		29./10. 09	
8523	Johannes	Müller	Magdeburg	G.-Ab.		6./12. 09	
8524	Alfred	Kerting	Dessau	O.-R.-Sch. Ab.	Zincke	7./12. 09	
8525	Julius	Ruppertsberg	Marburg	O.-R.-Sch. Ab.		28./1. 10	
8526	Heinrich	Röse	Cassel	O.-R.-Sch. Ab.		1./3. 10	
8527	Peter	Rieper	Wisch	R.-G.-Ab.		2./3. 10	

Pharmazeut.-chem. Institut der Universität Marburg.

S.-S. 09							
6457	Wilhelm	Calließ	Berlin	G.-Ab.		26./5. 09	
W.-S. 09/10					E. Schmidt		
6458	Wolfgang	Schirmer	Saarburg	G.-Ab.		12./11. 09	
6459	Albert	Nedden	Ludwigshafen	R.-G.-Ab.		19./2. 10	

Chemisches Laboratorium des Staates in München.

S.-S. 09							
7129	Stephan	Goldschmidt	Nürnberg	G.		6./5. 09	
7130	Erich	Kornick	Chemnitz	R.-G.		6./5. 09	
7131	Benedikt	Lipiez	Warschau	G.		14./5. 09	
7132	Ludwig	Heß	Mallersdorf	Ap.		21./5. 09	
7133	Kurt	Höbold	Ludwigshafen a. Rh.	O.-R.-Sch.	v. Baeyer	22./5. 09	
7134	Robert	Riemerschmid	München	G.		26./5. 09	
7135	Arthur	Baumann	Heilbronn	G.		25./6. 09	
7136	Sebald	Müller	Meiningen	G.		6./7. 09	
7137	Paul	Kurtz	Stuttgart	G.		9./7. 09	
7138	Hermann	Herz	Berlin	G.		22./7. 09	
W.-S. 09/10							
7253	Richard	Ascher	Hamburg	R.-G.	Curtius v. Baeyer	9./11. 09	
7139	Fritz	Bulle	Triest	G.		10./11. 09	
7140	Alexand.	Thal	Riga	G.		30./11. 09	
7141	Heinrich	Hock	Groß-Ostheim	O.-R.-Sch.		16./12. 09	
7142	Wilhelm	Lohmann	Bielefeld	O.-R.-Sch.	v. Baeyer	21./1. 10	
7143	Fritz	Bäuml	München	G.		21./1. 10	
7144	Ludwig	Holch	Schwäb.-Hall	G.		4./2. 10	

Chemisches Laboratorium des Staates in München. Fortsetzung.

Aufgedruckte No. der Zeugniskarte	Vorname	Zuname	Geburtsort	Vorbildung	Examinatoren	Datum der Ausfertigung	Art der Prüfung
W.-S. 09/10							
7145	Karl	Brimmer	Kaiserslautern	G.		4./2. 10	
7146	Alfred	Hartmann	Schäftlarn	G.		5./2. 10	
7147	Georg	Racky	Mainz	O.-R.-Sch.		9./2. 10	
7148	Alfred	Blömer	Crefeld	O.-R.-Sch.		11./2. 10	
7149	Wilhelm	Rannow	Berlin	R.-G.	v. Baeyer	11./2. 10	
7150	Ludwig	Rößler	Wunsiedel	G.		16./2. 10	
7127	Friedrich	Pohle	Raguhn i. Anh.	O.-R.-Sch.		16./2. 10	
8701	Kurt	Reisenegger	Höchst a. Main	R.-G.		4./3. 10	
8702	Fritz	Evers	Hamburg	O.-R.-Sch.		4./3. 10	

Laboratorium für angewandte Chemie an der Kgl. Universität in München.

S.-S. 09							
7786	Walther	Greifen-hagen	Zittau	G.		2./7. 09	
7787	Ludwig	Braeuninger	Hof a. Saale	Ap. I		20./7. 09	
7788	Hans	Lang-kammerer	Ansbach	G.		20./7. 09	
7793	Anton	Gebhardt	Mühldorf a. Inn	Ap. I		20./7. 09	
W.-S. 09/10					Th. Paul		
7789	Moritz	Humbert	Metz	Ap. I		27./1. 10	
7791	Theodor	Biéchy	Augsburg	Ap. I		11./2. 10	
7796	Hermann	Manz	München	G.		11./2. 10	
7797	Margret	Sturm	Hamburg	R.		2./3. 10	
7799	Boris	Stscher-bakow	Moskau	G.		2./3. 10	

Anorganisch-chemisches Laboratorium der Kgl. Technischen Hochschule München.

S.-S. 09							
7701	Erich	Brüninghaus	Werdol	R.-G.		9./6. 09	V.
7702	Robert	Uhle	Nürnberg	R.-G.		1./7. 09	V.
W.-S. 09/10					Muthmann		
7704	Karl	Jonas	Landeck i. Schl.	R.-G.		24./2. 10	V.
7703	Wilhelm	Koblenzer	Wien	G.		4./3. 10	V.
7705	Hans	Ziegelmeyer	Stuttgart	O.-R.-Sch.		7./3. 10	V.

Chemisch-technisches Laboratorium der Kgl. Technischen Hochschule München.

S.-S. 09							
7856	Joseph	Schecken-bach	Nürnberg	R.-G.		27./7. 09	V.
W.-S. 09/10					Schultz		
7857	Walter	Heerdt	Frankfurt a. M.	G.		7./3. 10	V.

Chemisches Institut der Universität Münster i. W.

Aufgedruckte No. der Zeugniskarte	Vorname	Zuname	Geburtsort	Vorbildung	Examinatoren	Datum der Ausfertigung	Art der Prüfung
W.-S. 09/10							
7814	Hans	Lindemann	Wetter	G.-Ab.	Salkowski	23./2. 10	V.
7815	Erich Christoph	Schwarte	Hamm i. W.	R.-G.-Ab.	Salkowski	23./2. 10	V.

Chemisches Universitäts-Laboratorium Rostock.

S.-S. 09							
7695	Felix	Kersten	Bad Kösen	G.-Ab.	Michaelis	12./5. 09	
7693	Richard	Philippi	Hamburg	O.-R.-Sch. Ab.	Michaelis	17./5. 09	
7696	Fritz	Seelig	Stendal	G.-Ab.	Michaelis	20./6. 09	
7697	Eberhard	Jahns	Braunschweig	G.-Ab.	Michaelis	28./6. 09	
7698	Siegfried	Bernhardt	Baerwalde	Ap. I	Michaelis	8./7. 09	
7699	Victor	Friedrichs	Berlin	Ap. I	Michaelis	8./7. 09	
8541	Wilhelm	Neckel	Wismar	G. Ab.	Michaelis	29./7. 09	
8542	Kurt	Brachmann	Wiesbaden	Ap. I	Michaelis	30./7. 09	
W.-S. 09/10							
8543	Bruno	Stau	Barth	Ap. I	Michaelis	24./11. 09	
8544	Paul	Edlinger	Gr.-Strelitz	G. Ia	Michaelis	6./12. 09	
7035	Lothar	Meyer	Leipzig	G.-Ab.	Hantzsch Michaelis	10./12. 09	
8545	Otto	Rieck	Rostock	G.-Ab.	Michaelis	10./12. 09	
8546	Karl	Jacobi	Demmin	R.-Sch.	Michaelis	7./1. 10	
8548	Paul	Leidreiter	Goldap	Ap.	Michaelis	17./1. 10	
8549	Friedrich	Hühn	Groß-Luchow	R.-G.-Ab.	Michaelis	25./2. 10	

Chemisches Laboratorium der Universität Straßburg.

S.-S. 09							
7968	Karl	Heitz	Straßburg	G.	Thiele	21./5. 09	
7969	Josef	Bitter	Worms	O.-R.-Sch.	Thiele	30./7. 09	
7970	Helmut	Leichtlin	Karlsruhe i. B.	G.	Thiele	4./8. 09	
7971	Amadeus	Dützmann	Saarunion	G.	Thiele	6./8. 09	
7972	Max	Koestle	Saargemünd	O.-R.-Sch.	Thiele	6./8. 09	
W.-S. 09/10							
7973	Peter	Seyder	Straßburg	G.	Thiele	3./12. 09	
8266	Kurt	v. Sinner	Bern	G.	Curtius Thiele	7./12. 09	
7974	Marston	Hamlin	New-York	M. A.	Thiele	19./1. 10	
8201	Hugo	Blankenhorn	Müllheim	O.-R.-Sch.	Gattermann Thiele	4./2. 10	
8053	Ernst	Kleuker	Göppingen	O.-R.-Sch.	Wislicenus Thiele	4./2. 10	

Chemisches Laboratorium der Universität Straßburg. Fortsetzung.

Aufgedruckte No. der Zeugniskarte	Vorname	Zuname	Geburtsort	Vorbildung	Examinatoren	Datum der Ausfertigung	Art der Prüfung
W.-S. 09/10							
7975	**Leo**	**Lemmel**	Sulz unterm Wald (Els.)	O.-R.-Sch.	Thiele	18./2. 10	
7976	**Abraham**	**Berkow**	Kiew	Russ. Hand.-S.	Thiele	23./2. 10	
7977	**Rudolf**	**Splittegarb**	Elberfeld	R.-G.	Thiele	25./2. 10	

Laboratorium für reine und pharmaz. Chemie, Technische Hochschule Stuttgart.

S.-S. 09							
7511	**Eberhard**	**Sauer**	Stuttgart	R.-G.-Ab.	Hell	1./5. 09	D.
7512	**Max**	**Rohrer**	Nürnberg	Ind.-Sch.	Hell	1./5. 09	D.
7513	**Emil**	**Meyer**	Röchlitz (Böhm.)	O.-R.-Sch. Ab.	Hell	10./7. 09	D.
7514	**Leopold**	**Weissel**	Montevideo	R.-G.-Ab.	Hell	10./7. 09	D.
7510	**Melanie**	**Fischer**	Ulm a. D.	Höh.Lehrerin.-Seminar	Hell	16./7. 09	V.
W.-S. 09/10							
7515	**Karl**	**Resau**	Eßlingen	O.-R.-Sch. Ab.	Hell	16./10. 09	D.
7516	**Emil**	**Aeckerle**	Stuttgart	O.-R.-Sch. Ab.	Hell	16./10. 09	D.
7517	**Richard**	**Bauerle**	Mittelschlechtbach b./Welzheim	G.-Ab.	Hell	16./10. 09	D.
7518	**Hermann**	**Burckhardt**	Stuttgart	O.-R.-Sch. Ab.	Hell	16./10. 09	D.
7519	**Max**	**Egner**	Langenargen a. Bodensee	G.-Ab.	Hell	16./10. 09	D.
8911	**Ernst**	**Glatz**	Stuttgart	Gew.-Ak.	Hell	16./10. 09	D.
8912	**Paul**	**Vogel**	Degerloch-Stuttgart	O.-R.-Sch. Ab.	Hell	16./10. 09	D.

Institut für Elektrochemie und techn. Chemie, Technische Hochschule Stuttgart.

S.-S. 09							
8132	**August**	**Hammermann**	Niederlahnstein	R.-Sch. IIa	Müller	23./7. 09	V.
8133	**Otto**	**Schlegel**	Saarbrücken	O.-R.-Sch. IIa	Müller	23./7. 09	V.
8134	**Jakob**	**Kaiser**	Loerrach	G. IIb	Müller	23./7. 09	V.

Chemisches Laboratorium der Universität Tübingen.

S.-S. 09							
8052	**Samuel Judd**	**Lewis**	London	B. S.	W. Wislicenus	9./6. 09	

Chemisches Laboratorium der Universität Tübingen. Fortsetzung.

Aufgedruckte No. der Zeugniskarte	Vorname	Zuname	Geburtsort	Vorbildung	Examinatoren	Datum der Ausfertigung	Art der Prüfung
W.-S. 09/10							
8054	Max	Liebold	Eineborn (Sa.-Altenburg)	G.-Ab.	W. Wislicenus	20./12. 09	
8055	Wilhelm	Hölle	Imnau	G.-Ab.	W. Wislicenus	20./12. 09	
8056	Ernst	Büttner	St. Andreasberg (Harz)	Ap. I	W. Wislicenus	10./1. 10	
8057	Heinrich	Willer	Heiligenhafen (Holstein)	R.-G.-Ab.	W. Wislicenus	26./1. 10	
6115	Herrm.	Loening	Rostock	G.-Ab.	R. Anschütz W. Wislicenus	28./1. 10	

Chemisches Institut der Universität Würzburg.

S.-S. 09							
7925	August	Herterich	Würzburg	G.	i. V. Manchot	28./7. 09	
7929	Franz	Andre	Würzburg	R.-G.	i. V. Manchot	28./7. 09	
W.-S. 09/10							
7930	Ernst	Ludwig	Edenkoben	R.-G.	Tafel	8./3. 10	

Pharmazeutisches Institut (Laboratorium für angewandte Chemie) der Universität Würzburg.

W.-S. 09/10							
7622	Carl	Löffl	Eggenfelden	Ap.	Medicus	7./3. 10	
7623	Georg	Wolfsleben	Küppersteg b. Opladen	Ap.	Medicus	7./3. 10	

F.

Übersichtstabelle über die Anzahl der ausgestellten Verbandszeugnisse.

Ort	Institut	Zahl der ausgestellten Zeugnisse im Sommer 1908. U*)	im Sommer 1908. T*)	Im Winter 1908/09. U*)	Im Winter 1908/09. T*)
Aachen	Chemisches Laboratorium T	—	—	—	3
Berlin	Chemisches Institut U	19	—	25	—
Berlin	Physik.-chemisches Institut U	—	—	6	—
Berlin	Technologisches Institut U	—	—	1	—
Berlin	Anorganisches Laboratorium T	—	27	—	20
Berlin	Elektrochemisches Laboratorium T	—	3	—	2
Berlin	Organisches Laboratorium T	—	1	—	5
Berlin	Technisch-chemisches Laboratorium T	—	—	—	1
Berlin	Chemisches Laboratorium der landw. Hochschule T	—	1	—	1
Bonn	Chemisches Institut U	1	—	2	—
Braunschweig	Chemisches Laboratorium T	—	—	—	4
Braunschweig	Pharmazeutisches Institut T	—	7	—	9
Breslau	Chemisches Institut U	7	—	—	—
Breslau	Pharmazeutisches Institut U	2	—	—	—
Danzig	Anorganisches und organisches Laboratorium	—	1	—	9
Darmstadt	Chemisches Institut T	—	6	—	3
Dresden	Chemische Institute T	—	18	—	13
Erlangen	Chemisches Institut U	6	—	5	—
Erlangen	Pharmazeutisch-chemisches Institut U	5	—	—	—
Freiburg	Chemisches Laboratorium (med. Abt.) U	—	—	1	—
Freiburg	Chemisches Laboratorium (philos. Abt.) U.	10	—	9	—
Gießen	Chemisches Laboratorium U	8	—	9	—
Gießen	Physikalisch-chemisches Laboratorium U	—	—	2	—
Göttingen	Allgemeines chemisches Laboratorium U	7	—	10	—
Göttingen	Agrikultur-chemisches Laboratorium U	1	—	2	—
Greifswald	Chemisches Institut U	1	—	2	—
Halle	Chemisches Institut U	2	—	7	—
Hannover	Laboratorium für anorganische Chemie T	—	9	—	1

Heidelberg	Universitäts-Laboratorium U	4	—	15	—
Heidelberg	Laboratorium des Prof. F. Krafft U	2	—	3	—
Jena	Universitäts-Laboratorium U	5	—	8	—
Karlsruhe	Chemisches Institut T	—	2	—	29
Kiel	Universitäts-Laboratorium U	2	—	6	—
Königsberg	Agrikultur-chemisches Institut U	1	—	1	—
Leipzig	Chemisches Laboratorium U	9	—	7	—
Leipzig	Physikalisch-chemisches Institut U	3	—	1	—
Leipzig	Laboratorium für angewandte Chemie U	7	—	8	—
Leipzig	Chemisches Laboratorium des physiologischen Instituts U	1	—	2	—
Marburg	Chemisches Institut U	8	—	7	—
Marburg	Pharmazeutisch-chemisches Institut U	1	—	2	—
München	Chemisches Laboratorium des Staates U	10	—	16	—
München	Laboratorium für angewandte Chemie U	4	—	5	—
München	Anorganisches Laboratorium T	—	2	—	3
München	Chemisch-technisches Laboratorium T	—	1	—	1
Münster	Chemisches Institut U	—	—	2	—
Rostock	Chemisches Institut U	8	—	7	—
Straßburg	Chemisches Institut U	5	—	8	—
Stuttgart	Laboratorium für allgemeine Chemie T	—	5	—	7
Stuttgart	Institut für Elektrochemie und Techn. Chemie T	—	3	—	—
Tübingen	Universitäts-Laboratorium U	1	—	5	—
Würzburg	Chemisches Institut U	2	—	1	—
Würzburg	Pharmazeutisches Institut U	—	—	2	—
	insgesamt	142	86	187	111

Es sind ausgestellt worden:

bis Sommersemester 1908 . . . . 5459 Verbandszeugnisse,[1])
im Sommersemester 1908 . . . . 244 Verbandszeugnisse, hiervon 137 an 21 Universitäten, 107 an 9 Technischen Hochschulen,
im Wintersemester 1908/09 . . . . 291 Verbandszeugnisse, hiervon 208 an 21 Universitäten, 83 an 11 Technischen Hochschulen,
im Sommersemester 1909 . . . . 228 Verbandszeugnisse, hiervon 142 an 20 Universitäten, 86 an 10 Technischen Hochschulen,
im Wintersemester 1909/10 . . . . 298 Verbandszeugnisse, hiervon 187 an 20 Universitäten, 111 an 11 Technischen Hochschulen.

bisher insgesamt ausgestellt 6520 Verbandszeugnisse.

*) U bedeutet Universität, T Technische Hochschule. — [1]) Die nach dem vorjährigen Bericht (S. 41) gebildete Summe; das aus dem S. S. 1906 nachzutragende Zeugnis (S. 24) hebt sich gegen das, welches versehentlich zweimal registriert worden ist (s. Berichtigungen S. 2, a).

G.

Register der Ergänzungszeugnisse

zu den Zeugnissen

des Verbandes der Vorstände chemischer Laboratorien an deutschen Hochschulen

für Sommer-Semester 1909 und Winter-Semester 1909/10.

Physikalisch-chemisches Laboratorium der Universität Gießen.

Nummer des Zeugnisses	Vorname	Zuname	Geburtsort	Datum der Ausfertigung	Examinatoren	Prüfungsgegenstand
S.-S. 09						
4825	**Georg**	**Bode**	Frankfurt a. M.	26./7. 09		Chemische Technologie
W.-S. 09/10						
5171	**Wilhelm**	**Gorr**	Münzenberg	22./1. 10	Elbs	Elektrochemie
7283	**Theodor**	**Eisen-menger**	Ludwigsburg	1./3. 10		

Chemisches Universitäts-Laboratorium Heidelberg.

Nummer des Zeugnisses	Vorname	Zuname	Geburtsort	Datum der Ausfertigung	Examinatoren	Prüfungsgegenstand
S.-S. 09						
7246	**Henry**	**Denham**	Christ-Church (Neu-Seeland)	3./5. 09		
W.-S. 09/19						
7255	**William**	**Millar**	Edinburgh	14./2. 10		
7259	**Teodor**	**Seidel**	Braila	28./2. 10		
8267	**Thomas**	**Blachadder**	Broughty-Ferry (Schottland)	1./3. 10	Bredig	Physik. Chemie u. Elektrochemie.
8268	**Jermain**	**Creighton**	Halifax (Canada)			
8269	**Paul**	**Fiske**	Plainfield (New-Jersey)	1./3. 10		
8270	**John**	**Rue**	Dutch-Neck (New-Jersey)	1./3. 10		

Mineralogisches und Geologisches Institut der Universität Jena.

Nummer des Zeugnisses	Vorname	Zuname	Geburtsort	Datum der Ausfertigung	Examinatoren	Prüfungsgegenstand
W.-S. 08/09						
2246	**John**	**Aitken**	Mayo (Irland)	29./3. 09	Linck	Mineralogie

Mineralogisches und Geologisches Institut der Universität Jena. Fortsetzung.

Nummer des Zeugnisses	Vorname	Zuname	Geburtsort	Datum der Ausfertigung	Examinatoren	Prüfungsgegenstand
S.-S. 09						
5445	**Arno**	**Weidel**	Langebrück b. Dresden	26./4. 09	Linck	Mineralogie
5454	**Howard**	**Butler**	Bristol	29./4. 09	Linck	Mineralogie
5458	**Richard**	**Grün**	Mannheim	29./7. 09	Linck	Mineralogie
W.-S. 09/10						
7212	**William**	**Russel**	Bridge of Wier	28./2. 10	Linck	Mineralogie

Physikalisch-chemisches Institut der Universität Leipzig.

Nummer des Zeugnisses	Vorname	Zuname	Geburtsort	Datum der Ausfertigung	Examinatoren	Prüfungsgegenstand
S.-S. 09						
7064	**Heinrich**	**Jantsch**	Halle a. S.	20./7. 09	Le Blanc	Physik. Chemie
5791	**Hugo**	**Morawitz**	Petersburg	20./7. 09	Le Blanc	Physik. Chemie
W.-S. 09/10						
7061	**Alexand.**	**Krestovnicoff**	Moskau	20./12. 09	Le Blanc	Physik. Chemie
7060	**Michael**	**Tarle**	Cherson	20./12. 09	Le Blanc	Physik. Chemie
7056	**Georg**	**v. Elissafoff**	Rostow a. D.	20./12. 09	Le Blanc	Physik. Chemie
5693	**Max**	**Volmer**	Hilden	22./12. 09	Le Blanc	Physik. Chemie

Laboratorium für angewandte Chemie der Universität Leipzig.

Nummer des Zeugnisses	Vorname	Zuname	Geburtsort	Datum der Ausfertigung	Examinatoren	Prüfungsgegenstand
S.-S. 09						
7014	**Egon**	**Schmidt-Breitenbach**	München	22./7. 09	E. Beckmann	Chemische Technologie

Mineralogisches Institut der Universität München.[1])

Nummer des Zeugnisses	Vorname	Zuname	Geburtsort	Datum der Ausfertigung	Examinatoren	Prüfungsgegenstand
S.-S. 09						
6592	**Emilie**	**Zumbusch**	München	17./6. 09	Prof. P. Groth	Mineralogie u. Kristallographie
W.-S. 09/10						
7796	**Hermann**	**Manz**	München	7./3. 10	Prof. P. Groth	Mineralogie

Die Gesamtzahl der abgehaltenen Ergänzungsprüfungen beträgt 25. Außerdem sind aber 95 Kandidaten noch in anderen Fächern geprüft worden, da 95 Zeugnisse auf Grund der Diplom-(vor)prüfung ausgestellt worden sind.

---

[1]) Diese Liste ist unvollständig, weil eine Anzahl Kandidaten, welche im Besitze eines neuen Zeugnisformulars sind, versäumt hat, sich nach den diesbezügl. Bestimmungen bei einem Mitgliede des Verbandes behufs Eintragung in die Register zu melden.

H.

Liste der Doktordissertationen

des

Verbandes der Laboratoriumsvorstände an deutschen Hochschulen

für Sommer-Semester 1909 und Winter-Semester 1909/10.

An Stelle der Zeugnisnummer befindet sich der Vermerk: fehlt, wenn der Kandidat die Verbandsprüfung nicht abgelegt hat. In den meisten Fällen hat der Kandidat aber eine gleich- oder höherwertige Fachprüfung absolviert (z. B. die Diplomprüfung). Wenn der Kandidat die Verbandsprüfung abgelegt hat und wenn nur die Nummer des Zeugnisses fehlt, ist dies durch Punkte angedeutet. Ein Strich befindet sich dort, wo die entsprechende Auskunft nicht zu erlangen war und wo es daher nicht feststeht, ob der Kandidat die Verbandsprüfung nicht abgelegt hat oder ob nur die Nummer des Zeugnisses nicht bekannt ist.

Technische Hochschule Aachen.

Laufende No.	Name des Promovierten	No. des Verbandszeugnisses	Vorbildung	Titel der Dissertation	Bezeichnung des Laboratoriums	Name des Dozenten, welcher die Arbeit geleitet hat	Ort der Promotion ev. Fehlanzeige
1	**Gustav Lambris**	2530	Dipl.-Ing. R.-G. Ab.	Studie über die Kohlenstoffaufnahme durch Metalle bei der Elektrolyse aus wässerigen Lösungen.	Anorgan. Labor. der Techn. Hochschule Aachen.	Classen	Aachen
2	**Richard May**	fehlt	Dipl.-Ing. Bayr. Ind.-Sch. Ab. München	Beziehungen des Camphens zur Apokamphersäure; ein Beitrag zur Erklärung des Überganges des Camphens in den künstlichen Kampher.	Organ. Laborat. der Techn. Hochschule Aachen.	Bredt	Aachen

Universität Berlin.

Laufende No.	Name des Promovierten	No. des Verbandszeugnisses	Vorbildung	Titel der Dissertation	Bezeichnung des Laboratoriums	Name des Dozenten, welcher die Arbeit geleitet hat	Ort der Promotion ev. Fehlanzeige
1	**Edmund Ascher**	4934	G.	Der Hauptbestandteil des ätherischen Öls von Carlina acaulis.	Chem. Institut der Univ. Berlin	Prof. F. W. Semler	Berlin
2	**Karl Führer**	4187	G.	Über Alkyl- und Arylglycolchlorhydrinäther.	Chem. Institut der Univ. Berlin	Dr. J. Houben	Berlin

3	**Gerhard Hoppe**	4874	R.-G.	Über Äthylthiomorphid. Über das o-Aminobenzylcyanid und seine Umwandlung in 2-Aminoindol und Indol.	Chem. Institut der Univ. Berlin	Prof. R. Pschorr	Berlin
4	**Hermann Alders**	5593	G.	I. Beitrag zur Kenntnis der Bleiphosphate. II. Über die elektrolytische Schnellfällung des Bleies bei Gegenwart von Phosphorsäure und seine Trennung vom Arsen.		Dr. A. Stähler	
5	**Hans Möhrke**	5580	R.-G.	Über Phtaloperinon.		Prof. F. Sachs	
6	**Eusebio Echeandia**	5575	G.	Über den Gang des Arsen- und Antimon-Wasserstoffzerfalles.		Prof. A. Stock	
7	**Paul Blumberg**	5581	G.	Über das Kohlensuboxyd. Über das Cholesterin.		Prof. O. Diels	
8	**Hans Goerges**	5598	O.-R.-Sch.	Untersuchungen über die Reaktion $2\,TiCl_4 + H_2 = 2\,TiCl_3 + 2\,HCl$.		Dr. A. Stähler	
9	**Fritz Zeidler**	5450	O.-R.-Sch.	Synthese von 3, 4, (5 od. 7)-Trimethoxyphenanthren und 3, 4-Dimethoxy-8-Äthoxyphenanthren.		Prof. R. Pschorr	
10	**Rudolph Krech**	5587	G.	Über das β-Äthylthiokodid. Ein Beitrag zur Kenntnis des Morphins.		Prof. R. Pschorr	
11	**Walter Lenger**	6352	R.-G.	Der feste gelbe Phosphorwasserstoff $P_{12}H_6$ und ein neuer orangeroter Phosphorwasserstoff P_9H_2.		Prof. A. Stock	
12	**Hans Leysaht**	5574	G.	I. Untersuchung des Pileaöls. II. Beitrag zur Kenntnis des Sabinens und Terpinens. III. Zusammensetzung des Ayapanaöls.		Prof. F. W. Semmler	
13	**Karl Thiele**	5579	R.-G.	Über das Bleicoulometer.		Prof. F. Fischer	
14	**Arnold Hildesheimer**	5600	G.	Über einige Derivate der a-Amido-n-Buttersäure. Zur Kenntnis des o-Cyanbenzylmerkaptans.		Prof. S. Gabriel	
15	**Wilhelm Schneider**	5588	R.-G.	Beiträge zur Kenntnis der Strychninonsäure und ein neues Verfahren zur Darstellung von Strychninsulfosäuren.		Dr. H. Leuchs	

Universität Berlin. Fortsetzung.

Laufende No.	Name des Promovierten	No. des Verbands-zeugnisses	Vorbildung	Titel der Dissertation	Bezeichnung des Laboratoriums	Name des Dozenten, welcher die Arbeit geleitet hat	Ort der Promotion ev. Fehlanzeigr
16	**Percy Brigl**	5395	G.	Versuche zur Bildung eines Kohlenstoff-Sechsringes in der Peristellung beim Naphthalin.	Chem. Institut der Univ. Berlin	Prof. F. Sachs	Berlin
17	**Leo Ettinger**	4727	G.	Über aromatische Nitrosoverbindungen und Azomethine.	Chem. Institut der Univ. Berlin	Dr. J. Houben	Berlin
18	**Lukas Galates**	5326	O.-R.-Sch.	Abbau des Laudanosins.	Chem. Institut der Univ. Berlin	Dr. H. Decker	Berlin
19	**Wilhelm Gluud**	5805	O.-R.-Sch.	Das Verhalten N-substituierter Halogen-acyl-aminosäuren gegen Ammoniak. Synthese N-methylierter Leucylglycine.	Chem. Institut der Univ. Berlin	Prof. E. Fischer	Berlin
20	**Heinrich Loewen**	5592	G.	Über die Konstitution des Thebenins.	Chem. Institut der Univ. Berlin	Prof. R. Pschorr	Berlin
21	**Fritz Schröter**	6365	R.-G.	Über die elektrische Verstäubung der Metalle in flüssigem Argon und flüssigem Stickstoff.	Chem. Institut der Univ. Berlin	Prof. F. Fischer	Berlin
22	**Max Schwabacher**	4728	R.-G,	Kondensation des 1,8-Naphtylendiamins mit Diketonen und Ketokarbonsäuren.	Chem. Institut der Univ. Berlin	Prof. F. Sachs	Berlin
23	**Berla Herscovici**	5226	G.	Zur Kenntnis der Phosphorsulfide.	Chem. Institut der Univ. Berlin	Prof. A. Stock	Berlin
24	**Max Rudolph**	6351	G.	Zur Kenntnis der Phosphorsulfide, insbesondere des Tetraphosphortrisulfides.	Chem. Institut der Univ. Berlin	Prof. A. Stock	Berlin
25	**Robert Freund**	5596	G.	Über die Synthese von Aminobenzoesäuren.	Chem. Institut der Univ. Berlin	Dr. J. Houben	Berlin
26	**Carl Seib**	5597	G.	Über neue Reaktionen des Chloralurethans.	Chem. Institut der Univ. Berlin	Prof. O. Diels	Berlin
27	**Lothar Weber**	7404	G.	Reaktionen und Spaltungen der Brucinonsäure und anderer Abbauprodukte des Brucins.	Chem. Institut der Univ. Berlin	Dr. H. Leuchs	Berlin
1	**Artur Foizik**	6033	G.	Über das Atomgewicht des Tellurs.	Physik. Chem. Inst.	Markwald	Berlin
2	**Franz Horak**	5024	G.	Die Dissoziation des Kohlenoxychlorides.	Physik. Chem. Inst.	Bodenstein	Berlin
3	**Bruno Keetmann**	6050	O.-R.-Sch.	Über die Auffindung des Joniums.	Physik. Chem. Inst.	Markwald	Berlin

4	**Georg Pfleiderer**	5563	G.	Die Sauerstoffentwicklung bei der Salzsäureelektrolyse mit Platinanode.			
5	**Franz Pollitzer**	5572	O.-R.-Sch. Ab.	Über das Gleichgewicht der Reaktion $H_2S + 2\,J = 2\,HJ + S$ und die Dissoziation des Schwefelwasserstoffes.	Physik. Chem. Inst.	Nernst	
6	**Maria Wasjuchnowa**	5030	G.	Das Gleichgewicht Cupri-Cuprosulfid.			Berlin
7	**Fritz Koref**	4709	G.	Über das Gleichgewicht bei der Schwefelkohlenstoffbildung.			
1	**Louis Frank**	6031	O.-R.-Sch. Ab.	Über Pyrrolidonderivate.	Techn. Inst. der Univ. Berlin	Kühling	
2	**Ludwig Link**	5337	G. Ab.	Über die Kondensation von Alloxan mit in ω-Stellung alkylierten Acetophenonen			

Technische Hochschule Berlin-Charlottenburg.

1	**Fritz Schmidt**	5871	O.-R.-Sch.	Über Elektrolyse mit Magnesiumkathoden.		v. Knorre	Berlin U.
2	**Willy Löwenstein**	6336	G.	Über Lösungen von Kalk u. Kieselsäure in geschmolzenem Chlorcalcium.	Elektrochem. Laboratorium d. Techn. Hochschule Berlin	Prof. Dr. Arndt	Berlin U.
3	**Béla Kellner**	6331	G.	Untersuchungen über Perwolframate.		v. Knorre	
4	**Friedrich Schmiedt**	4699	O.-R.-Sch.	Beiträge zur elektrolytischen Oxydation des Chroms.		v. Knorre	Berlin T. H.
1	**Hans Lange**	5230	G.	Studien über die Zusammensetzung heliumführender Mineralien.	Anorg. Chem. Lab. d. K. Techn. Hsch.	Erdmann	Halle
1	**Hermann Quensell**	fehlt	Dipl.-Ing.	Über Glycerinester der Stearol- und Behenolsäure.	Organ. Laborat. der Techn. Hochschule Berlin	C. Liebermann	Berlin T. H.
2	**Paul Hänsel**	5963	R.-G.	Über Einwirkung von Grignardschem Reagens auf m-Phtalaldehyd.		H. Simonis	Berlin U.
1	**Max Renker**	2261	O.-R.-Sch. Dipl.-Ing.	Über Bestimmungsmethoden d. Cellulose.		Otto N. Witt	
2	**Julius Wolff**	fehlt	Ind.-Sch. Dipl.-Ing.	Über 2.6-Dichlor-p-phenylendiamin.	Techn.-chem. Inst. d. Techn. Hochsch. Berlin	Otto N. Witt	Berlin T. H.
3	**Max Rindl**	5187	Dipl.-Ing.	Studien über Trinitrochlornaphthaline.		F. Ullmann	
4	**Erwin Cassirer**	5811	R.-G.	Studien in der Acenaphtenreihe.			Berlin U.

Technische Hochschule Berlin-Charlottenburg. Fortsetzung.

Laufende No.	Name des Promovierten	No. des Verbands-zeugnisses	Vorbildung	Titel der Dissertation	Bezeichnung des Laboratoriums	Name des Dozenten, welcher die Arbeit geleitet hat	Ort der Promotion ev. Fehlanzeige
5	**Eduard Kopetschni**	2262	O.-R.-Sch.	Studien über 3,5-Dibromanthranilsäure.	Techn.-chem. Instit. d. Techn. Hochsch. Berlin	F. Ullmann	Berlin U.
6	**Salo Bergmann**	5222	G.	Über Oxyaldehyde.	Techn.-chem. Instit. d. Techn. Hochsch. Berlin	F. Ullmann	Berlin U.
7	**Johann Gnaedinger**	1430	G.	Studien über Indamine.	Techn.-chem. Instit. d. Techn. Hochsch. Berlin	F. Ullmann	Berlin U.
8	**Alfred Schmid**	4390	O.-R.-Sch.	Über die Einwirkung von Bornylchlorid auf aromatische Amine.	Techn.-chem. Instit. d. Techn. Hochsch. Berlin	F. Ullmann	Berlin U.
9	**Robert Heisler**	fehlt	Dipl.-Ing.	Über die Herstellung von Azinen aus Nitrosonaphtholen und o-Phenylendiamin.	Techn.-chem. Instit. d. Techn. Hochsch. Berlin	F. Ullmann	Prag T. H.

Landwirtschaftliche Hochschule Berlin.

Laufende No.	Name des Promovierten	No. des Verbands-zeugnisses	Vorbildung	Titel der Dissertation	Bezeichnung des Laboratoriums	Name des Dozenten, welcher die Arbeit geleitet hat	Ort der Promotion ev. Fehlanzeige
1	**Georg Kananow**	5000	G. (Mosk.)	Studien über Triphenylmethanfarbstoffe.	Chem. Lab. d. landw. Hochschule Berlin	Meisenheimer	Berlin

Universität Bonn.

Laufende No.	Name des Promovierten	No. des Verbands-zeugnisses	Vorbildung	Titel der Dissertation	Bezeichnung des Laboratoriums	Name des Dozenten, welcher die Arbeit geleitet hat	Ort der Promotion ev. Fehlanzeige
1	**Reinhold Claus**	2841	G. Ia	Über Abkömmlinge der β-Oxy-cumarin-a-karbonsäure und des β-Oxy-Cumarins sowie über den Aufbau der Ortho-acetoxy-phenylglyoxylsäure.	Chem. Inst. d. Univ. Bonn	R. Anschütz	Bonn
2	**Otto Eisleb**	5052	G.	Über dimolekulare Anhydride der Anthranilsäure.	Chem. Inst. d. Univ. Bonn	G. Schroeter	Bonn
3	**Paul Hunger**	5576	G.	Über halbseitige Abkömmlinge der as. Dimethylbernsteinsäure.	Chem. Inst. d. Univ. Bonn	R. Anschütz	Bonn
4	**Richard André**	5261	G.	Über die Konstitution der Amidophenolsulfonsäuren III und IV.	Chem. Inst. d. techn. Hochschule München u. d. Univ. Bonn	Gustav Schultz	Bonn

5	**Erich Reinau**	6112	R.-G.	Beiträge zur Kenntnis d. Acetonoxalsäure.	Chem. Inst. d. Univ. Bonn u. Priv.-Lab. v. Hrn. Geh. Reg.-R. Prof. Dr. L. Claisen in Godesberg	Ludwig Claisen	Bonn

Technische Hochschule Braunschweig.

1	**Isidor Feinmann**	5370	Österr. O.-R.-Sch.	Über einige Aminsäuren, Imide und Isoimide zweibasischer Säuren.	Herzogl. Techn. Hochschule Braunschweig Chem. Laborat.	R. Meyer	Braunschweig
2	**Samuel Kissin**	5372	Hd.-Sch.	Zur Kenntnis der Phtaleinoxime.			
3	**Kurt Desamari**	7672	R.-G.	Über das Tribromresochinon.			
4	**Kurt Wolfsleben**	5379	R.-G.	Über Naphtoresorcin u. 1,3-Aminonaphtol.			
1	**Arthur Westerkamp**	753	G. Ab.	Beiträge zur Kenntnis der Azo-arylhydrazinsulfonsäuren.	Pharm.-chem. Lab. d. Techn. Hochsch. Braunschweig	Beckurts u. Tröger	

Universität Breslau.

1	**Paul Tietz**	6465	R.-G. Ab.	Einwirkung von α-Naphthylaldehyd und m-Tcluylaldehyd auf α-Picolin und von Formaldehyd auf α, γ, α-Trimethylpyridin.	Chem. Inst. d. Univ. Breslau	Ladenburg	Breslau
2	**Reinhold Tschunke**	6461	R.-G. Ab.	Konstitution des Conhydrins.		Loeffler	
3	**Nicolae Popovici**	5015	G. Ab.	Über die Zusammensetzung des rumänischen Erdöls u. die Synthese eines seiner Bestandteile.		Ladenburg	
4	**Friedrich Kuhn**	1369	O.-R.-Sch. Ab.	Über Löslichkeiten in Lösungsmittelgemengen.		Herz	
5	**Hermann Dick**	5014	G. Ab.	Reaktionskinetische Untersuchungen üb. die Einwirkung von Brom auf Alkohole und Aldehyde.		Herz	
6	**Joseph Neustadt**	5007	G. Ab.	Ein Beitrag zur Kenntnis der Spannungsreihe in nichtwäßrigen Lösungsmitteln.		Abegg	

Universität Breslau. Fortsetzung.

Laufende No.	Name des Promovierten	No. des Verbands-zeugnisses	Vorbildung	Titel der Dissertation	Bezeichnung des Laboratoriums	Name des Dozenten, welcher die Arbeit geleitet hat	Ort der Promotion ev. Fehlanzeige
7	**Wolfram Haehnel**	5005	G. Ab.	Gleichgewichtsstudien an heterogenen Systemen.	Chem. Inst. d. Univ. Breslau	Abegg	Breslau
8	**Hans Remmler**	5265	R.-G. Ab.	Synthese des 8-Methyl-Conidins und einige Derivate des α_1-Methyl-α-Äthylolpiperidins.	Chem. Inst. d. Univ. Breslau	Löffler	Breslau
9	**Karl Schroeter**	5020	O.-R.-Sch. Ab.	Ein Beitrag zur Kenntnis der Konstitution des Pseudoconhydrins u. über Azoxy-, Azo- und Hydrazostilbazole.	Chem. Inst. d. Univ. Breslau	Löffler Ahrens	Breslau

Landwirtschaftlich-Technologisches Institut der Universität Breslau.

1	**Walther Bramsch**	5680	G. Ab.	Über Kondensationen von γ-Picolin, α-α'-Lutidin und α-γ-α'-Collidin mit Salicylaldehyd und Piperonal.	Landw.-Techn. Inst. der Univ. Breslau	Ahrens	Breslau

Technische Hochschule Danzig.

1	**Ferdinand Bornemann**	5252	Dipl.-Ex. München Ind.-Sch.	Über das Osmium. Analytische Bestimmung. Oxyde und Chloride.	Anorgan. u. elektrochem. Labor. der Techn. Hochschule Danzig	Otto Ruff	Danzig

Technische Hochschule Darmstadt.

1	**Otto Wehrheim**	5733	G. Ab.	Über die Oxydation von Ammoniak, Cyanwasserstoffsäure und Cyan.	Chem.-techn. u. elektrochem. Inst.	Dr. Dieffenbach	Darmstadt

Technische Hochschule Dresden.

1	**Kurt Eichel**	6061	R.-G. Ab.	Über das Verhalten des Stickstoffs gegen Silicide.	Anorgan.-chem. Lab.	W. Hempel	
2	**Bodo Zschimmer**	6072	R.-G. Ab.	Zur Kenntnis der Kondensationen von Alkoholen und Äthern mit Kohlenwasserstoffen und Phenolen.	Organ.-chem. Labor.	E. v. Meyer	
3	**August Ostertag**	5242	Bayr. Ind.-Sch.	Beiträge zur Kenntnis der Beizenfärbungen.	Farbenchem. Labor.	R. Möhlau	
4	**Alfred Nobis**	5675	R.-G. Ab.	Die Wasserstoff-Chlorkette.	Elektrochem. Labor.	Fr. Foerster	
5	**Gustav Bossel**	5661	G. Ab.	Zur Kenntnis der o-Amidosalicylsäure.	Organ.-chem. Labor.	E. v. Meyer	
6	**Horst Pordesch**	4460	R.-G. Ab.	Zur Kenntnis der Thiodiglykolsäure und Thioglykolsäure.	Organ.-chem. Labor.	R. v. Walther	
7	**Hermann Ehlert**	6065	R.-G. Ab.	Studien über Salzlösungen.	Anorgan.-chem. Lab	W. Hempel	Dresden
8	**Ralph Klemperer**	5652	G. Ab.	Über quantitative Spektralanalyse.	Anorgan.-chem. Lab	W. Hempel	
9	**Julius Blich**	6053	R.-G. Ab.	Über die Oxydation von Stickoxyd-Luft-Gemischen und ihre Löslichkeit in Alkalilauge.	Elektrochem. Labor.	Fr. Foerster	
10	**Hermann Vetter**	fehlt	R.-G. Ab.	Über Schwefelfarbstoffe aus 1, 2, 4-Dinitrophenol.	Farbenchem. Labor.	R. Möhlau	
11	**Georg Vater**	5670	R.-G. Ab. Dipl.-Ing.	Über die Adsorption von Gasen durch Kohle und einige andere poröse Körper.	Anorgan.-chem. Lab.	W. Hempel	
12	**Moritz Dolch**	fehlt	R.-G. Ab. Dipl.-Ing.	Über das Verhalten von Zinnanoden in Natronlauge.	Elektrochem. Labor.	Fr. Foerster	
13	**William D. Treadwell**	fehlt	R.-G. Ab. Dipl.-Ing.	Über das elektrolytische Verhalten gemischter Lösungen von Nickelsulfat u. Zinksulfat.	Elektrochem. Labor.	Fr. Foerster	Zürich U.
14	**Georg Zerbes**	fehlt	R.-G. Ab. Dipl.-Ing.	Elektrolytische Reduktion an Thalliumkathoden.	Elektrochem. Labor.	Fr. Foerster	Wien T. H.

Universität Erlangen.

Laufende No.	Name des Promovierten	No. des Verbands-zeugnisses	Vorbildung	Titel der Dissertation	Bezeichnung des Laboratoriums	Name des Dozenten, welcher die Arbeit geleitet hat	Ort der Promotion ev. Fehlanzeige
1	**Karl Maisch**	6759	R.-G.	Studien über Platinmetalle.		Dr. Gutbier	
2	**Adolf Georg Leuchs**	5428	G.	Zur Kenntnis des Rutheniums.		Dr. Gutbier	
3	**Fritz Lindner**	6741	Ind.-Sch.	Studien über das Iridium.		Dr. Gutbier	
4	**Alfred Noether**	5437	G.	I. Beiträge zur Kenntnis von Oxydationsprodukten der Phenole. II. Über Derivate der Acetylsalicylsäure.		Dr. Henrich	
5	**Edgar Schmidt**	6747	G.	I. Zur Kenntnis der Methylchinoxaline. II. Synthese des Tetramethylchrysanilins.		Dr. O. Fischer	
6	**Walter Kögel**	6746	G.	I. Über die Salzbildung arom. Polynitrokörper. II. Über die Reaktionsprodukte von Pyridin u. Pikrylchlorid.		Dr. M. Busch	
7	**Martin Fleischmann**	5427	G.	I. Verhalten von Grignards Reagens gegenüber Hydrazonen, Imidchloriden u. Säureamiden. II. Über die Produkte der Einwirkung von Phenylcyanid auf Polynitrophenole.	Chem. Labor. d. Univ. Erlangen	Dr. M. Busch	Erlangen
8	**Ernst Pungs**	5430	O.-R.-Sch.	Zur Kenntnis der Carbodiimide.		Dr. M. Busch	
9	**Richard Zahn**	5426	R.-G.	Zur Kenntnis der Hydrazinosäuren u. der Hydrazone.		Dr. M. Busch	
10	**Hans Dittmar**	5440	R.-G.	Das Atomgewicht des Rhodiums.		Dr. Gutbier	
11	**Hans Gross**	6742	R.-G.	Über das Ditolylmethan aus Formaldehyd u. Toluol.		Dr. O. Fischer	
12	**Lothar Castner**	6750	G.	Über Ditolylaethan u. Ditolylaethylen.		Dr. O. Fischer	
1	**Carl Roth**	3626	Ap. Note I	I. Synthese diarylsubstituierter Galacto-Hexite. II. Katalytische Reduktion der Fette.	Pharm.-chem. Inst. d. Univ. Erlangen	C. Paal	Erlangen U.

Universität Freiburg i. B.

1	**Hermann Stötter**	5809	R.-G. Ab.	Zur Kenntnis des 1-8-Naphthylendisulfids.	Univ.-Lab. Freiburg (philos. Abt.)	Meigen	Freiburg i. B.
2	**Max Tausent**	5585	O.-R.-Sch. Ab.	Über Disulfide mit benachbarten Doppelbindungen.		Fromm	
3	**Ewald Herzog**	5802	R.-G. Ab.	Über das α-Merkaptan des Anthrachinons.		Gattermann	
4	**Davos Bain**	3577	O.-R.-Sch. Ab.	Zur Kenntnis der aromatischen Aldehyde, Thioaldehyde und Stilbenderivate.		Gattermann	
5	**Albert Ellmer**	5398	G. Ab.	Über die Fettsäuren des Lebertrans.		Meigen	
6	**Emil Wolff**	5813	G. Ab.	Zur Kenntnis des Chinolin-ana-Merkaptans.		Edinger	
7	**Wladimir Aseff**	3462	G. Ab.	Über Merkaptane der Anthrachinonreihe.		Gattermann	
8	**Charles Edward Lind**	6534	O.-R.-Sch. Ab.	Untersuchungen über m-Jodchinolin u. seine Derivate.		Howitz	
9	**Richard Heyder**	6109	R.-G. Ab.	Disulfide mit benachbarten Doppelbindungen.		Fromm	
10	**Fritz Erfurt**	6192	R.-G. Ab.	Derivate der niedersten Oxyde des Schwefelwasserstoffs.		Fromm	
11	**August Borchers**	6532	O.-R.-Sch. Ab.	Studien über Gasreaktionen.		Riesenfeld	
12	**Ludwig Schäfer**	6535	B. Sc.	Über Merkaptane der Anthrachinonreihe.		Gattermann	
13	**Rudolf Moll**	6544	G. Ab.	Untersuchungen über Bromjodchinoline.		Howitz	
14	**Johahn Perl**	5806	O.-R.-Sch. Ab.	Über p-Chlor-o-Jodtoluol.		Willgerodt	
15	**Fritz Seemann**	7463	O.-R.-Sch. Ab.	Über Chromi-aquo-Triammine.		Riesenfeld	
16	**Alfred Suchier**	4712	G. Ab.	Zur Kenntnis der Merkaptane der Anthrachinonreihe.		Gattermann	
17	**Elise Simon**	5190	O.-R.-Sch. Ab.	Zur Kenntnis des Toluchinolin-ana-Merkaptans.		Edinger	
4* 18	**Karl August Cohn**	6537	O.-R.-Sch. Ab.	Studien über die Dissoziation des Calciumcarbonates.		Riesenfeld	
19	**Robert Schwarz**	7462	G. Ab.	Chemische Untersuchungen über Bohnerztone und afrikanische Böden.		Meigen	

Universität Freiburg i. B. Fortsetzung.

Laufende No.	Name des Promovierten	No. des Verbands-zeugnisses	Vorbildung	Titel der Dissertation	Bezeichnung des Laboratoriums	Name des Dozenten, welcher die Arbeit geleitet hat	Ort der Promotion ev. Fehlanzeige
20	**Gdalja Raiziss**	7461	G. Ab.	Derivate der p-Thiokresols. Die basischen Eigenschaften der Sulfoxyde.	Univ.-Lab. Freiburg (philos. Abt.)	Gattermann Fromm	Freiburg i. B.
21	**Josef Glück**	5808	G. Ab.	Zur Kenntnis des p-Toluchinolin-m-Merkaptans.		Edinger	
22	**Walter Maass**	4079	G. Ab.	Über Äther des Anthrachinon-α-Merkaptans.		Gattermann	
1	**August Welsch**	5538	G. Ab. u. Ap. Note I	Über das Vorkommen u. die Verbreitung der Sterine im Tier- u. Pflanzenreich.	Mediz. Abt. d. chem. Laborat. d. Univ. Freiburg i/Br.	Windaus	
2	**Friedrich Beuttel**	7523	G. Ab. u. Ap. Note I	Über schwefelhaltige, durch Para- und Meta-Ringschluß entstehende cyclische Verbindungen.		Autenrieth	
3	**Friedrich Eisenlohr**	7521	R.-G. Ab. Ap. Note I	Über die Produkte aus Milchzucker und Calciumhydroxyd.		Kiliani	

Universität Gießen.

1	**Heinrich Rölle**	5876	O.-R.-Sch. Ab.	Über Kondensationsprodukte von β-Naphtholen mit aromatischen Aldehyden u. Ammoniak u. deren Salzbildung.	Chem. Univ.-Lab. Gießen	Erich Beschke	Gießen
2	**Heinrich Racke**	5977	O.-R.-Sch. Ab.	Umsetzungsgeschwindigkeit der α-Monobrombuttersäure mit Wasser und mit gelösten Alkalien.		Alex. Naumann	
3	**Georg Struth**	5487	O.-R.-Sch. Ab.	Über Beziehungen zwischen Löslichkeit und chemischer Konstitution.			
4	**Georg Frank**	2923	R.-G. Ab.	Ein Verfahren zur Bestimmung der Phosphorsäure.			
5	**Joh. Bapt. Kämmerer**	2925	R.-G. Ab.	Das Verhalten von Salzen in und zu Benzonitril.			
6	**Paul Engelhard**	7734	R.-G. Ab.	Eine neue maßanalytische Bestimmung des Arsens.			

1	**Richard Heurich**	5472	O.-R.-Sch. Ab.	Zur Kenntnis des Methylnonylketons.	Phys.-chem. Labor. Gießen	Elbs	Gießen
2	**Ludwig Wille**	5173	R.-G. Ab.	Elektrochemische Reduktion von Nitroformylanilinen u. Nitroguajakolen.	Phys.-chem. Labor. Gießen	Elbs	Gießen
3	**Friedr. Reimann**	7105	G. Ab.	Über Sulfamin- u. Sulfonsulfaminsäuren.	Lab. Dr. Weil München u. phys.-chem. Lab. Gießen	Dr. Weil	Gießen
4	**August Löhr**	2770	O.-R.-Sch. Ab.	Über einige Phenolphentriazole.	Phys.-chem. Labor. Gießen	Elbs	Gießen
5	**Paul Wassermann**	7117	G. Ab.	Sulfaminsäurebildung aus Nitranilinen.	Lab. Dr. Weil, München, u. physik.-chem. Labor. Gießen	Dr. Weil	Gießen
6	**Hermann Ostermaier**	7855	G. Ab.	Reduktion von Naphthalin- u. Naphtholkarbonsäuren zu Aldehyden mittels Na-Amalgam u. Borsäure.	Lab. Dr. Weil, München, u. physik.-chem. Labor. Gießen	Dr. Weil	Gießen
7	**Fritz Achenbach**	4731	R.-G. Ab.	Einwirkung von Anilin, Ammoniak und Hydroxylamin auf einige Abkömmlinge des Anthrachinons.	Chem. Lab. d. phys. Ver. Frankfurt a/M.	Prof. Dr. Freund	Gießen

Universität Göttingen.

1	**Werner Rottsieper**	5306	G. Ab.	Über tricyclische Chinolinverbindungen.	Allg. chem. Laborat. Göttingen	Borsche	Göttingen
2	**David Thomson**	6004	B. Sc. M. A.	Beiträge zur Frage der Abhängigkeit der Drehungsintensität optisch aktiver Kohlenstoffverbindungen von der chemischen Konstitution.	Allg. chem. Laborat. Göttingen	Wallach	Göttingen
3	**Walther Runge**	6000	B. Sc.	Synthetische Versuche mit Hexahydroanilin u. Hexahydro-m-toluidin.	Allg. chem. Laborat. Göttingen	Borsche	Göttingen
4	**Kurt Roschke**	5308	O.-R.-Sch. Ab.	Über α-Oxolaktame.	Allg. chem. Laborat. Göttingen	Borsche	Göttingen
5	**Theodor Grethe**	6008	G. Ab.	Über α-β Cyklohexenon oder Δ 1,5-Dihydrophenol.	Allg. chem. Laborat. Göttingen	Kötz	Göttingen
6	**Erich Grosse**	5302	G. Ab.	Über einige Bestandteile des sibirischen Fichtennadelöls.	Allg. chem. Laborat. Göttingen	Wallach	Göttingen

Universität Göttingen. Fortsetzung.

Laufende No.	Name des Promovierten	No. des Verbands-zeugnisses	Vorbildung	Titel der Dissertation	Bezeichnung des Laboratoriums	Name des Dozenten, welcher die Arbeit geleitet hat	Ort der Promotion ev. Fehlanzeige
7	**Hermann Steinhorst**	8007	R.-G. Ab.	Studien über die Konstitutionsermittlung monohalogenisierter, mono- und dialkylierter Monoketone der Cyklohexan-Reihe.		Kötz	
8	**Wilhelm Benthaus**	5309	R.-G. Ab.	Über braunes amorphes Silicium.	Allg. chem. Laborat. Göttingen	Wilke-Dörfurt	
9	**Eugen Kárpáti**	8008	G. Ab.	Über heptacyclische Verbindungen aus Suberon.		Kötz	
10	**Rudolf Müller**	6009	G. Ab.	Untersuchungen in der Menthenon(3)-Reihe.		Wallach	
1	**Georg Masing**	5998	G. Ab.	Über die Bildung von Legierungen durch Druck und die Reaktionsfähigkeit der Metalle im festen Zustande.	Institut f. physik. Chemie		
2	**Erich Löwenstein**	5999	R.-G. Ab.	Über Hydrate, deren Dampfspannung sich kontinuierlich mit der Zusammensetzung ändert.		Tammann	
1	**James Harvey Pettit**	5935	Corn. Un. Ithaca	Beiträge zur Bodenanalyse.			Göttingen
2	**Roman Dmochowski**	5933	G.	Versuche zur quantitativen Cellulosebestimmung und Untersuchungen über die im Blumenkohl vorkommenden Kohlenhydrate.			
3	**Jonkheer Louis Wichers**	1600	Bijksl. bouwschool	Untersuchungen über die in den Spargeln und Spargelwurzeln enthaltenen Bestandteile. Bestimmung des Pentosangehalts verschiedener Holzpilze.	Agrik.-chem. Lab. d. Univ. Göttingen	B. Tollens	
4	**Karl Heinrich Böddener**	5310	G. Ab.	Untersuchungen über Tetrose, über Arabonsäure und deren Quecksilbersalze, über Furfurolbestimmungen und über den Pfeffer.			

Universität Greifswald.

1	Michael Feodorowitsch Schurigin	4837	Russ. Bergschule Ab.	Die Einwirkung von Phosphorhalogeniden auf die Metalle der Platingruppe.	Chem. Institut der Univ. Greifswald	W. Strecker	Greifswald
2	August Stirnus	5116	G. Ab.	Über d. Einwirkung v. freiem Hydroxylamin auf ungesättigte Säuren u. deren Ester.	Chem. Institut der Univ. Greifswald	Th. Posner	Greifswald
3	Otto Unverdorben	4839	G. Ab.	Beiträge zur Kenntnis der Additionsfähigkeit ungesättigter Systeme.	Chem. Institut der Univ. Greifswald	Th. Posner	Greifswald
4	Walter Knothe	4844	G. Ab.	Die Überführungszahl der Schwefelsäure in verdünnten wäßrigen Lösungen.	Chem. Institut der Univ. Greifswald	W. A. Roth	Greifswald

Universität Halle a. S.

1	Arno Gahren	4522	R.-G. Ab.	Entstehung kristallinischer Flüssigkeiten durch Mischung von Substanzen.	Chem. Institut der Univ. Halle a. S.	Vorländer	Halle a. S.
2	Max Kauffmann	5559	G.Dr.med. Pr.-Doz.	Über den Nachweis des Cholins.	Chem. Institut der Univ. Halle a. S.	Vorländer	Halle a. S.
3	Curt Reichardt	5502	O.-R.-Sch. abs.	Einfluß der Bromierung auf den kristallinisch-flüssigen Zustand aromatischer Verbindungen.	Chem. Institut der Univ. Halle a. S.	Vorländer	Halle a. S.
4	Curt Schaefer	4529	O.-R.-Sch. abs.	Zur trockenen Destillation der Cellulose.	Lab. f. angew. Chem. d. Univ. Halle a. S.	E. Erdmann	Halle a. S.
5	Paul Praetorius	4528	G. abs.	Organische Uranverbindungen.	Chem. Institut der Univ. Halle a. S.	Vorländer	Halle a. S.
6	Leo Rosenthal	5504	O.-R.-Sch. abs.	Einwirkung von Dicyan auf Phenoläther und Kondensation von Ketonitrilen mit aromatischen Verbindungen bei Gegenwart von Aluminiumchlorid.	Chem. Institut der Univ. Halle a. S.	Vorländer	Halle a. S.
7	Max Ed. Huth	5493	G. abs.	I. Über den Einfluß ungleicher Parasubstituenten auf den kristallinisch-flüssigen Zustand aromatischer Verbindungen. II. Pleochroismus und Circularpolarisation flüssiger Kristalle.	Chem. Institut der Univ. Halle a. S.	Vorländer	Halle a. S.

Universität Halle a. S. Fortsetzung.

Laufende No.	Name des Promovierten	No. des Verbandszeugnisses	Vorbildung	Titel der Dissertation	Bezeichnung des Laboratoriums	Name des Dozenten, welcher die Arbeit geleitet hat	Ort der Promotion ev. Fehlanzeige
8	**Carl Gebauer**	7981	O.-R.-Sch. abs.	Synthesen von Hydroxylderivaten und Carboxylderivaten des p-Aminodiphenylamins.	Lab.f.angew. Chemie d. Univ. Halle a. S.	E. Erdmann	Halle a. S.
9	**Karl Kraze**	5223	O.-R.-Sch. abs.	Vorkommen und Nachweis von Jod in einigen natürlichen Salzmineralien.			

Technische Hochschule Hannover.

Laufende No.	Name des Promovierten	No. des Verbandszeugnisses	Vorbildung	Titel der Dissertation	Bezeichnung des Laboratoriums	Name des Dozenten, welcher die Arbeit geleitet hat	Ort der Promotion ev. Fehlanzeige
1	**Erich Lambrecht**	fehlt	Gymn.	Über die jodometrische Säuremessung und ihre Anwendung zum Nachweis von Hydrolyse.	Labor. f. anorgan. Chemie Hannover	Seubert	Hannover

Universität Heidelberg.

Laufende No.	Name des Promovierten	No. des Verbandszeugnisses	Vorbildung	Titel der Dissertation	Bezeichnung des Laboratoriums	Name des Dozenten, welcher die Arbeit geleitet hat	Ort der Promotion ev. Fehlanzeige
1	**Wilhelm Geis**	5317	G.	Benzoyl-α-aminoisobuttersäure-laktimon.	Univ.-Laborat.	Mohr	Heidelberg
2	**Julius Holzapfel**	4477	Kings-Coll.Lond.	Über die Darstellung und Reaktionen von Azoacidylverbindungen.		Stollé	
3	**Gustav Mechtersheimer**	5754	G.	Über Isomerien in der Citralreihe.		Knövenagel	
4	**Adam Weyrich**	4801	O.-R.-Sch.	Über Autokondensation von Säurechloriden.	Privat-Laborat.	Krafft	
5	**August Bockmühl**	4489	G.	Über die Einwirkung von Hydrazinhydrat auf Diazoessigester u. Diazoacetamid.	Univ.-Laborat.	Curtius	
6	**Konrad Keller**	5320	R.-G.	Über Abkömmlinge des Diphenylosotetrazins und des Diphenyl-N-amidoosotriazols.		Stollé	

7	**Gustav Greve**	4215	R.-G.	Über die quantitative Bestimmung der Ameisensäure und die Vergärung der Ameisensäure durch drei roten Farbstoff bildende Bakterienarten.	Univ.-Laborat.	Franzen	Heidelberg
8	**Paul Brehme**	5315	R.-G.	Zur Kenntnis des Mononatriumacetylens.	Univ.-Laborat.	Knövenagel	Heidelberg
9	**Karl Hochschwender**	4470	O.-R.-Sch.	Über Hydrazide u. Azide der Oxalsäure.	Univ.-Laborat.	Curtius	Heidelberg
10	**Rudolf Steinle**	5318	R.-G.	Zur Kenntnis der Verbindungen der Citralreihe.	Univ.-Laborat.	Knövenagel	Heidelberg
11	**Rudolf Trapp**	4793	G.	Über Autokondensation von Säureamiden $R^{I}.CONH_2$ und $R^{II}(CONH_2)_2$ beim Erhitzen und Minderdrucken.	Privat-Laborat.	Krafft	Heidelberg
12	**Fritz Stroschein**	5328	G.	Über laktonähnliche innere Anhydride acylierter α-Aminofettsäuren vom Typus des Benzoylalanins.	Univ.-Laborat.	Darapsky	Heidelberg
13	**Carl Leverkus**	5051	G.	Über die Gewinnung von Azoverbindungen aus sekundären Hydraziden.	Univ.-Laborat.	Stollé	Heidelberg
14	**James Mc. Bain**	4209	M. A.	Zur Kenntnis der Katalyse in heterogenen Systemen. Die Zersetzung des Chromochlorürs mit kolloidem Platin.	Univ.-Laborat.	Bredig	Heidelberg
15	**Henry Denham**	7246	M. S. u. M. A.	Zur Kenntnis der Katalyse in heterogenen Systemen. Die Zersetzung der Titansalze an Platin.	Univ.-Laborat.	Bredig	Heidelberg
16	**Hubert Lucking**	5324	Univ. Ldn. Immatr.	Ein Beitrag zur Kenntnis der Hydrazinate	Univ.-Laborat.	Franzen	Heidelberg
17	**Taddäus Oryng**	5794	russ. G.	Chemische Kinetik der Einwirkung von unterchlorigsaurem Natrium auf Ammoniak bei verschiedenen Zusätzen.	Univ.-Laborat.	Bredig	Heidelberg

Universität Jena.

1	**Kurt Grau**	5459	Ap. I	Über die Einwirkung von Diazobenzolimid auf Benzochinon.	I. Chem. Univ.-Lab.	Wolff	Jena
2	**Johannes Gläsel**	5944	G.	Ein Beitrag zur Kenntnis der „Pyrazolinreaktion" und der Farbreaktionen der Phenylhydrazone und Phenylhydrazide.	I. Chem. Univ.-Lab.	Fecht	Jena

Universität Jena. Fortsetzung.

Laufende No.	Name des Promovierten	No. des Verbandszeugnisses	Vorbildung	Titel der Dissertation	Bezeichnung des Laboratoriums	Name des Dozenten, welcher die Arbeit geleitet hat	Ort der Promotion ev. Fehlanzeige
3	**Arno Weidel**	5445	R.-G.	Zur Kenntnis der symmetrischen sekundären fettaromatischen Hydrazine.	I. Chem. Univ.-Lab.	Knorr	Jena
4	**Peter Hauptmann**	5456	G.	Beiträge zu einer neuen Chinoxalinsynthese.	I. Chem. Univ.-Lab.	Wolff	Jena
5	**Richard Grün**	5448	R.-G.	Das Verhalten von Benzimidazolen gegen Benzoylchlorid.	I. Chem. Univ.-Lab.	Wolff	Jena
6	**Walter Hartmann**	4085	G.	Zur Kenntnis des α-Chlorokodids u. des Jodokodids.	I. Chem. Univ.-Lab.	Knorr	Jena
7	**Max Körbs**	2235	R.-G.	Einwirkung des Diazobenzolimids auf Chinon.	I. Chem. Univ.-Lab.	Wolff	Jena
8	**Felix Raabe**	4085	Ap. I	Über Pseudoapokodein u. seine Beziehungen zum Apomorphin.	I. Chem. Univ.-Lab.	Knorr	Jena
9	**Otto Rasch**	5455	G.	Die Einwirkung von Diazobenzolimid auf Styrol, Trimethylaethylen und Fumarsäureester.	I. Chem. Univ.-Lab.	Wolff	Jena
10	**August Waldmann**	6596	Ap. I	Gleichgewicht bei den desmotrop-isomeren Mesityloxidoxalsäureestern.	I. Chem. Univ.-Lab.	Knorr	Jena
11	**Heinrich Averbeck**	5468	Ap. I	Gleichgewichte bei den desmotrop-isomeren Dibenzoylbernsteinsäureestern.	I. Chem. Univ.-Lab.	Knorr	Jena
12	**William Russel**	7212	A. S. C.	I. Beiträge zur Stereochemie der Chinaalkaloide. II. Zur Kenntnis der Amidoxime.	I. Chem. Univ.-Lab.	Rabe	Jena
13	**Viktor Zahn**	5467	G.	Gleichgewichte bei den Desmotropisomeren des Acetyl-dibenzoyl-methans.	I. Chem. Univ.-Lab.	Knorr	Jena
14	**Fritz Boettger**	5461	G.	Zur Kenntnis der Cyanine der Naphthalinreihe u. zur Konstitution des Äthylrots.	Techn.-chem. Inst.	Vongerichten	Jena
15	**Walter Heintz**	5460	Ap. I	Über Baumwollsamenöl, Japantalg und Petersilienöl.	Pharm. Institut	Matthes	Jena

Technische Hochschule Karlsruhe.

1	**Alexander Lederer**	7316	O.-R.-Sch.	Über den Ursprung der optischen Aktivität der Erdöle u. deren Ausgangsmaterialien.	Chem. Inst.	Engler	Karlsruhe
2	**Wilhelm Holwech**	6315	R.-G.	Über die Beziehung der Stickoxydbildung zu den elektrischen u. thermischen Eigenschaften des Gleichstromlichtbogens.	Phys.-chem. Inst.	Haber	
3	**Oskar Routala (Rosenquist)**	4498	kl. Lc.	Über die Bildung der Naphthene im Erdöl.	Chem. Inst.	Engler	
4	**Hubert Hempel**	6326	G.	Über Gasöle und Ölgas.	Chem.-techn. Inst.	Bunte	
5	**Friedrich Martin**	6319	Ind.-Sch.	Vier Oxydationsstufen des Platins.	Chem. Inst.	Wöhler	
6	**Ludwig Stuckert**	6289	Ind.-Sch.	Über die Lichtbrechung der Gase u. ihre Verwendung zu analytischen Zwecken.	Phys.-chem. Inst.	Haber	
7	**Werkmeister**	6411	R.-G.	Über die Bildungs- u. Zerfallsbedingungen von Eisenkarbid u. dessen gasförmige Zersetzungsprodukte mit Mineralsäuren.	Chem.-techn. Inst.	Bunte	
8	**August Meier**	7336	R.-G.	Über Oxydation durch Schimmelpilze.	Chem. Inst.	Herzog	
9	**Max Eschmann**	6296	R.-Sch.	Ein Beitrag zur Kenntnis des Calciumcyanamids.	Chem. Inst. Univ. Leipzig	Le Blanc	
10	**Bela Halmai**	fehlt	G. Dipl.-Ing.	Beiträge zur Kenntnis der optischen Aktivität und der Entstehung der Naphthene des Erdöls.	Chem. Inst.	Engler	
11	**Alexander Ardan**	6402	kl. Lyc.	Über Naphthene und Naphthensäuren.	Chem.-techn. Inst.	Skita	
12	**Wilhelm Becker**	6317	O.-R.-Sch.	Zur Frage der Erdalkaliperoxydbildung.	Chem. Inst.	Engler	
13	**Benjamin Mitrofanoff**	fehlt	Reallyc. Dipl.-Ing	Über die Schnellformation von positiven Bleiakkumulatorenplatten.	Phys.-chem. Inst.	Haber	
14	**Kurt Dyckerhoff**	5402	G.	Beiträge zur Autoxydation organ. Stoffe.	Chem. Inst.	Engler	
15	**Ernst Terres**	5752	Ind.-Sch.	I. Synthesen von 1,2-Diamidoanthrachinon, Anthrachinonazinen und Indanthren.			
				II. Über Nitramine aus α-Amidoanthrachinon u. 1,5-Diamidoanthrachinon.	Chem. Inst. d. Univ. Graz	Scholl	

Technische Hochschule Karlsruhe. Fortsetzung.

Laufende No.	Name des Promovierten	No. des Verbands-zeugnisses	Vorbildung	Titel der Dissertation	Bezeichnung des Laboratoriums	Name des Dozenten, welcher die Arbeit geleitet hat	Ort der Promotion ev. Fehlanzeige
16	**Wilhelm Hirschkind**	7317	Ind.-Sch.	Über die umkehrbare Einwirkung von Sauerstoff auf Magnesium.	Phys.-chem. Inst.	Haber	Karlsruhe
17	**Otto Ripke**	6408	G.	Das Verhalten einiger Fungo-imperfecti zu organischen Säuren.	Chem. Inst.	Herzog	Karlsruhe
18	**Bela Havas**	7327	G.	Eisenblech — Emaille. Beziehung zwischen physikal. Beschaffenheit und chemischer Zusammensetzung derselb.	Chem.-techn. Inst.	Bunte	Karlsruhe
19	**Sigismund v. Klonowski**	6405	R.-Sch. Erg.-Kl.	Über die Manganatschmelze u. die Überführung von Kaliummanganat auf elektrolytischem Wege.	Phys.-chem. Inst.	Askenasy	Karlsruhe
20	**Gorton Fonda**	7337	Gramar-School, High-School.	Über die Einwirkung von Kohlenoxyd auf Laugen.	Phys.-chem. Inst.	Haber	Karlsruhe

Universität Kiel.

Laufende No.	Name des Promovierten	No. des Verbands-zeugnisses	Vorbildung	Titel der Dissertation	Bezeichnung des Laboratoriums	Name des Dozenten, welcher die Arbeit geleitet hat	Ort der Promotion ev. Fehlanzeige
1	**Karl Haeffner**	4865	R.-G.	Über Ozonide der einfachen Olefine.	Chem. Inst. d. Univ. Kiel	C. Harries	Kiel
2	**Wilhelm Schupp**	4857	R.-G.	Dissoziation des gasförmigen Schwefels und des Schwefelwasserstoffs.	Chem. Inst. d. Univ. Kiel	G. Preuner	Kiel
3	**Theodor Kosegarten**	4869	G.	Über höher substituierte Glyoxalone.	Chem. Inst. d. Univ. Kiel	H. Biltz	Kiel
4	**Georg Münchmeyer**	6215	G.	Überführung des Oxymethylenacetophenons in Benzoylbrenztraubensäure, und einige Derivate derselben.	Chem. Inst. d. Univ. Kiel	O. Mumm	Kiel
5	**Walther Franck**	4097	O.-R.-Sch.	Über das Ölsäureozonid und seine Zersetzungsprodukte.	Chem. Inst. d. Univ. Kiel	C. Harries	Kiel
6	**Felix Hoffmann**	4867	G.	I. Über einige neue Chinolinderivate und die an ihnen beobachtete sterische Hinderung. II. Versuche einer Darstellung von Chinolinindolderivaten aus Amidochinaldin.	Chem. Inst. d. Univ. Kiel	O. Stark	Kiel

7	Hans v. Splava-Neyman	6212	G.	Über die Ozonide einiger cyklischer Kohlenwasserstoffe und ihre Spaltungsgeschwindigkeit.	Chem. Inst. d. Univ. Kiel	C. Harries	Kiel
8	Rudolf Koetschau	5463	G.	I. Über Aethylenozonid. II. Über die Einwirkung von Ozon auf gesättigte Aldehyde.		C. Harries	
9	Rudolf Reuter	4568	G.	Studien über Anhydridbildung in der Glutaconsäurereihe.		F. Feist	
10	G. Pomme	2243	O.-R.-Sch.	Configurationsbestimmung in der Glutaconsäurereihe, speziell bei β-Phenylglutaconsäure und α-Methylglutaconsäure.		F. Feist	

Universität Leipzig.

1	Philip W. Robertson	6689	B. A. (V.)	Optische Studien über Kupferammoniakkomplexe und über gelbe und rote Salze aus p-Oxyazobenzolen.	Chem. Laborat. d. Univ. Leipzig	A. Hantzsch	Leipzig
2	Rudolf Flade	5353	Gew.-Ak. (V.)	Über Salze und Äther von Chinonoximen.		A. Hantzsch	
3	Joseph Lister	5786	B. S. (V.)	Neue Isomerien bei Nitranilinen.		A. Hantzsch	
4	Robert Robison	5784	B. S. (V.)	Über die polychromen Salze aus Dimethyl- und Diphenylviolursäure.		A. Hantzsch	
5	Georg Posnjak	5780	G. Ab.(V.)	Über das Metastyrol und die beiden Distyrole.		H. Stobbe	
6	Max Ulrich	5773	G. Ab.(V.)	Über gewöhnliche und innere Komplexsalze.		H. Ley	
7	Dr. med. C. Hartung	5790	G. Ab.(V.)	Über Farbänderung durch Salzbildung von Oximidoketonen u. verwandten Oximen. Über Molekulargrößen von Salzen in Phenollösung.		A. Hantzsch	
8	Ernst v. Rosen	8611	G. Ab.(V.)	Über Farbe und Konstitution von Oxychinonen und ihren Salzen.		A. Hantzsch	

Universität Leipzig. Fortsetzung.

Laufende No.	Name des Promovierten	No. des Verbands-zeugnisses	Vorbildung	Titel der Dissertation	Bezeichnung des Laboratoriums	Name des Dozenten, welcher die Arbeit geleitet hat	Ort der Promotion ev. Fehlanzeige
1	**Georg v. Landgraf**	3050	R.-G. Ab.	Über die Kinetik der Umlagerung des Hydrazobenzols in Benzidin und Diphenylin.		Bodenstein und Le Blanc	
2	**Hermann Röhler**	5783	R.-G. Ab.	Untersuchungen über Formamid als Lösungsmittel für anorgan. Salze und über die Elektrolyse der Lösungen.		Le Blanc	
3	**Emanuel Plaschke**	5515	R.-G. Ab.	Über die Umwandlung des Methylalkohols in Formaldehyd nach dem Kontaktverfahren.		Le Blanc	
4	**Max Eschmann**	6296		Ein Beitrag zur Kenntnis des Calciumcyanamids.		Le Blanc	
5	**Johannes v. Schroeder**	5797	Russ. G. 8. Kl. abs.	Zur Kenntnis des Gerbprozesses.	Phys.-chem. Inst. Leipzig	Freundlich	
6	**Kurt Bube**	4200	O.-R.-Sch. Ab.	Über Magnesiumammoniumphosphat.		Böttger	Leipzig
7	**Ehrhart Mäkelt**	5163	R.-G. Ab.	Die Stromerzeugung durch fallende Teilchen in Flüssigkeiten und der absolute Nullpunkt des Potentials.		Freundlich	
8	**Wassili Novikow**	4206	G. Ab.	Elektrolytische Abscheidung des Zinks an der Oberfläche.		Freundlich	
9	**Fritz Kerschbaum**	7051	G. 8. Kl. Ab.	Elektrizitätsleitung durch Glas.		Le Blanc	
10	**Hugo Morawitz**	5791	G. Ab.	Über Adsorption u. Colloidfällung.		Freundlich	
11	**Max Volmer**	5693	O.-R.-Sch. Ab.	Photographische Umkehrungserscheinungen.	Marburg, Chem. Inst., u. Leipzig, Physik.-Chem. Inst.	Schaum	
12	**Wilfred Schmandt**	6306	G. abs.	Über Kristallisation und Auflösung in wässeriger Lösung.	Phys.-chem. Inst. Leipzig	Le Blanc	

1	**Arthur Güttich**	5530	G. IIa Ap. I	Über Bestimmungsmethoden für Arsen- und Antimonwasserstoff.		Reckleben	Leipzig
2	**Max Kammann**	5368	O.-R.-Sch. Ab.	Über Derivate des 3,5-Dinitrophenols.		Heller	
3	**Adolf Loesche**	5119	O.-R.-Sch. Ib	I. Untersuchungen in der Sesquiterpenreihe: Über Caryophyllen. II. Über Verbindungen von Eisen und Chrom mit Fluorwasserstoffsäure.		Deußen	
4	**Hans Ende**	2387	R.-G. Ib	Isomerieerscheinungen bei Phenylhydrazonen und Oximen.		Beckmann	
5	**Arno Klemm**	5946	R.-G. Ab.	Zur Kenntnis des Caryophyllens aus Nelkenstielöl.		Deußen	
6	**Theodor Lobenstein**	3841	R.-G. Ab.	Beiträge zur Kenntnis von Hydrazonen.	Lab. f. angew. Chem. d. Univ. Leipzig	Lockemann	
7	**Carl Naumann**	4294	Gew.-Ak.	Dampfdruck und Ebullioskopie des Jods.		Beckmann	
8	**Max Niescher**	5851	Gew.-Ak.	Kryoskopische Bestimmungen bei tiefen Temperaturen.		Beckmann und Waentig	
9	**Albin Hermsdorf**	5948	Gew.-Ak.	Studien über Jodlösungen.		Waentig	
10	**Alfred Hahn**	7007	R.-G. Ab.	Beiträge zur Kenntnis der Mono- und Sesquiterpene.		Deußen	
11	**Curt Böttcher**	5942	Einj. Ap. I	Photometrische Messungen an der gefärbten Bunsenflamme.		Beckmann und Waentig	
12	**Walter Tischner**	5949	R.-G. Ab.	Zur Partialreduktion orthosubstituierter Nitroverbindungen.		Heller	
13	**Kurt Haring**	5614	R.-G. Ab.	Beiträge zur Ebullioskopie.		Beckmann	
14	**Paul Lungwitz**	5950	R.-G. Ab.	Über die Einwirkung von Säurechloriden auf Na-Malonester und Na-Acetessigester.		Scheiber	
1	**Simon Howrojanz**	5612	Russ. G. Ab.	Über die Anwendung der Hydroxylkohlensäurereaktion.	Chem. Abteilung des physiol. Inst.	M. Siegfried	
2	**Frederick Birchard**	5611	B. A.	Ein Beitrag zur Kenntnis der Protoalbumose des Fibrins.		M. Siegfried	
3	**Heinrich Schmitz**	5615	O.-R.-Sch. Ab.	Zur Kenntnis des Pepsinglutinpeptons.		M. Siegfried	

Universität Marburg.

Laufende No.	Name des Promovierten	No. des Verbands-zeugnisses	Vorbildung	Titel der Dissertation	Bezeichnung des Laboratoriums	Name des Dozenten, welcher die Arbeit geleitet hat	Ort der Promotion ev. Fehlanzeige
1	**Fr. Grube**	5684	O.-R.-Sch. Ab.	Beiträge zur Kenntnis des o-Amidobenzols.	Chem. Institut	Reipert	Marburg
2	**P. Jörg**	5076	O.-R.-Sch. Ab.	Über 1,4-Aminothiophenol.	Chem. Institut	Zincke	Marburg
3	**W. Volk**	5695	O.-R.-Sch. Ab.	Untersuchungen in der Cumarinreihe.	Chem. Institut	Fries	Marburg
1	**Carl Henzerling**	3730	G. Ab.	Über Kreatinin.	Pharmaz.-chem. Inst.	E. Schmidt	Marburg
2	**Gustav Bümming**	6452	G. Ab.	Über Ephedrin, Pseudoephedrin u. verwandte Verbindungen.	Pharmaz.-chem. Inst.	E. Schmidt	Marburg
3	**August Beckel**	5607	O.-R.-Sch. Ab.	Beiträge zur Kenntnis des Lupanins.	Pharmaz.-chem. Inst.	E. Schmidt	Marburg
4	**Richard Loose**	6451	G. Ab.	Über indikationsfähige Azokombinationen.	Pharmaz.-chem. Inst.	E. Rupp	Marburg
5	**Rudolf Ebeling**	5603	R.-G. Ab.	Über Metallbestimmungen mittels Alkalixanthogenaten.	Pharmaz.-chem. Inst.	E. Rupp	Marburg
6	**Fritz Pfenning**	fehlt	R.-G. Ab.	Über Metalltitrationen mittels Cyankalium.	Pharmaz.-chem. Inst.	E. Rupp	Marburg

Universität München.

Laufende No.	Name des Promovierten	No. des Verbands-zeugnisses	Vorbildung	Titel der Dissertation	Bezeichnung des Laboratoriums	Name des Dozenten, welcher die Arbeit geleitet hat	Ort der Promotion ev. Fehlanzeige
1	**Max Bockmühl**	4065	Ap.	Studien in der Eugenol- und Isoeugenolreihe.	Chem. Laborat. des Staates	Einhorn	München
2	**Karl Pfister**	4061	R.-G.	Zur Kenntnis der Triazene.	Chem. Laborat. des Staates	Dimroth	München
3	**Fritz Hess**	4046	O.-R.-Sch.	Über Isomerie in der Triazolreihe u. über Isomerie bei den Diazocyaniden.	Chem. Laborat. des Staates	Dimroth	München
4	**Erwin Gmelin**	4062	G.	Untersuchungen über Furoxane.	Chem. Laborat. des Staates	Wieland	München
5	**Heinrich Kirmreuther**	4081	G.	Beiträge zur Kenntnis der Halogen-Äthylene u. Halogen-Acetylene.	Chem. Laborat. des Staates	Hofmann	München
6	**Heinrich Wagner**	4086	Ap.	Die Nebenvalenzen der Metallcyanide.	Chem. Laborat. des Staates	Hofmann	München

7	**Erwin Brettauer**	4058	R.-G.	Beiträge zur Kenntnis der radioaktiven Stoffe.	Chem. Laborat. des Staates	Hofmann	München
8	**Carl Buchner**	4092	G.	Zur Kenntnis der Hexanitritokobaltsäure.			
9	**Elsa Merkle**	4064	G.	Über desmotrope Verbindungen in der Triazolreihe.		Dimroth	
10	**Hermann Hess**	4060	G.	Über neue Nitroso- und Azoverbindungen der Methanreihe, Beiträge z. Kenntnis der Knallsäure.		Wieland	
11	**Rudolf Seuffert**	4057	G.	Derivate der Aminobenzoesäure und Acylverbindungen der Salicylsäure und deren Anhydride.		Einhorn	
12	**Heinrich Schneider**	4082	G.	Über den Einfluß des Lösungsmittels auf Gleichgewicht u. Reaktionsgeschwindigkeit.		Dimroth	
13	**Angelo Knorr**	4045	G.	Chinoide u. teilchinoide Verbindungen.		Schlenk	
1	**Paul Borinski**	5704	Ap. I	Über die Einwirkung von Schwefeltrioxyd und dessen Chlorsubstitutionsprodukten auf Schwefel, Selen u. Tellur.	Laborat. f. angew. Chemie d. Univ. München	W. Prandtl	
2	**Eduard Scheller**	5705	Ap. I	Über die Bestimmung des Eigehaltes in Nahrungsmitteln mit Hilfe des Cholesterins u. Beiträge zur Aufklärung der Konstitution des Cholesterins.		A. Heiduschka	
3	**Hans Waldemar Gloth**	5707	G.	Über das Cholesterin u. einige Phytosterine.		A. Heiduschka	
4	**Karl Pfizenmaier**	5909	O.-R.-Sch.	Untersuchungen über die Flüchtigkeit und Wasserlöslichkeit der Fettsäuren und Anwendung der erhaltenen Resultate auf die Fette.		A. Heiduschka	

Technische Hochschule München.

1	**Alfred Perl**	4690	G.	Über einige im Steinkohlenteer neuentdeckte Kohlenwasserstoffe.	Chem. techn. Labor.	Prof. Dr. Schultz	München
2	**Eberhard Kayser**	5877	R.-G.	Über die neutralen Kohlenwasserstoffe des Imprägnieröls.			

Technische Hochschule München. Fortsetzung.

Laufende No.	Name des Promovierten	No. des Verbands-zeugnisses	Vorbildung	Titel der Dissertation	Bezeichnung des Laboratoriums	Name des Dozenten, welcher die Arbeit geleitet hat	Ort der Promotion ev. Fehlanzeige
3	**Alexander Sander**	fehlt[1])	G.	Das Aethylbenzol u. seine Nitroderivate.	Chem.-techn. Labor.	Prof. Dr. Schultz	München
4	**Georg Pabstmann**	fehlt	G.	Die quantitative Bestimmung der Phosphorsäure als Magnesiumpyrophosphat.	Anorgan. Laborat.	Prof. Dr. Muthmann	
5	**Franz Treubert**	fehlt	G.	Über Wismutoxydul u. seine Salze, mit einem Anhang: Neue quantitative Methoden.			
6	**Rudolf Reidenbach**	fehlt	G.	Über die quantitative Bestimmung des Magnesiums als Magnesiumpyrophosphat mit einem Anhang: Über die Bestimmung des Magnesiums als Magnesiumsulfat.			
7	**Julius Kohl**	fehlt	Ind.-Sch.	Elektrolytische Reduktionen von Titansalzen u. deren Anwendung als Überträger bei der elektrolytischen Reduktion organischer Körper.	Elektrochem. Lab.		
8	**Oskar Löw**	5212	O.-R.-Sch.	Studien über das Verhalten des 3-Nitro-p-Kresols zu Schwefelsäure nebst einem Anhang: Über das Verhalten der 3-Nitro-p-Oxybenzoësäure zu Schwefelsäure.	Chem.-techn. Labor.	Prof. Dr. Schultz	
9	**Max Freitag**	4756	Ind.-Sch.	Über die quantitative Bestimmung des Arsens als Trisulfid u. Pentasulfid.	Anorgan. Labor.	Prof. Dr. Muthmann	
10	**Eugen Dickert**	fehlt	G.	Untersuchungen über die quantitative Bestimmung des Antimons als Trisulfid und als Tetroxyd.			
11	**Karl Metzger**	fehlt	G.	Zirkon- und Wolfram-Legierungen.			
12	**Jakob Reich**	1898	Ind.-Sch.	Elektrolytische Reduktionen von Nitrokörpern mit Molybdän als Wasserstoffüberträger.	Elektrochem. Labor.		

[1]) Die Kandidaten, denen kein Verbandszeugnis ausgestellt worden ist, haben das Diplomingenieurexamen abgelegt.

13	Emil Lay	fehlt	Ind.-Sch.	Über Silicium-Stickstoff-Wasserstoffverbindungen.	Anorgan. Labor.	Prof. Dr. Muthmann	München
14	August Hartmann	fehlt	G.	Über Zirkonemail.	Anorgan. Labor.	Prof. Dr. Muthmann	München

Universität Münster i. W.

1	Fritz Nelken	6123	O.-R.-Sch. Ab.	Über die Einwirkung des Grignardschen Reagens auf Ortho-Phtalaldehyd.	Techn. Hochschule Charlottenburg	Simonis	Münster i. W.
2	Hermann Koelsch	4314	G. Ab.	Beiträge zur Kenntnis des Indiums.	Chem. Inst. d. Univ. Münster	Thiel	Münster i. W.
3	Heinrich Dietrich	7811	R.-G. Ab.	Untersuchungen über die bei der Elektrolyse von Nickelsalzen auftretenden periodischen Erscheinungen.	Chem. Inst. d. Univ. Münster	Thiel	Münster i. W.

Universität Rostock.

1	Karl Kobert	6677	G. Ab.	Über 2-5-Phenylhydrazino-Pyrine und über das 1-Phenyl-3-methylpyrazol-5a-zobenzol.	Chem. Lab. d. Univ. Rostock	Michaelis	Rostock
2	Omar Schmidt	4982	Ap. I	Zur Kenntnis der Pyrazole und ihrer Stellung in der organischen Chemie.	Chem. Lab. d. Univ. Rostock	Michaelis	Rostock
3	Felix Abraham	7686	Ap. I	Beiträge zur Kenntnis der 4-Amidopyrazole.	Chem. Lab. d. Univ. Rostock	Michaelis	Rostock
4	Felix Engelhardt	4864	O.-R.-Sch.	Über 4-Ketoverbindungen der Pyrine.	Chem. Lab. d. Univ. Rostock	Michaelis	Rostock
5	Paul Abel	5159	Ap. I	Zur Kenntnis orthosubstituierter Arsine und Phosphine.	Chem. Lab. d. Univ. Rostock	Stoermer	Rostock
6	Hildemar Mielck	4483	G.	Zur Kenntnis nitrierter Amidoderivate des Cumarons und Cumarans.	Chem. Lab. d. Univ. Rostock	Stoermer	Rostock
7	Karl Bremer	4590	R.-G. Ab.	Über das Verhalten von 1, 4, 5-Trimethyluracil gegen Kaliumpermanganat und gegen Brom.	Organ.-chem. Labor. d. Techn. Hochsch. Hannover	Behrend	Rostock
8	Richard Gaettens	5316	R.-G.	Über die Einwirkung wasserentziehender Mittel auf β-Monacetylphenylhydrazin und Acetessigester und über 4-Acetylantipyrin.	Chem. Lab. d. Univ. Rostock	Michaelis	Rostock

Universität Rostock. Fortsetzung.

Laufende No.	Name des Promovierten	No. des Verbands-zeugnisses	Vorbildung	Titel der Dissertation	Bezeichnung des Laboratoriums	Name des Dozenten, welcher die Arbeit geleitet hat	Ort der Promotion ev. Fehlanzeige
9	**Eduard Remy**	5128	Ap. I	Über 1-Phenyl-3-pyrazolon und über die 1-Phenyl-3-pyrazolon-4-carbonsäure.			
10	**Max Ziesel**	4529	G. Ia	Über das Pyrazoisocumarazon und Isomere des 3 Methylpyrazoisocumarazons.			
11	**Walter Pflanz**	4608	Ap.	Über die Thioamine der aliphatischen u. aromatischen Reihe.		Michaelis	
12	**Christoph Kaeding**	774	Ap. I	Über das Anhydrid des 1,0-Carboxylphenyl 5 methyl 3 pyrazolons u. dessen Derivate.			
13	**Eberhard Jahns**	7697	G. Ab.	Über einige Bromderivate des o- und p-Acettoluids, des o-Anisidins u. des Phenacetins.	Chem. Lab. d. Univ. Rostock	Kunckell	
14	**Otto Thon**	3064	Ap. I	Über das 1-β-Naphthyl-5-methyl-3-pyrazolon.			Rostock
15	**Ferdinand Schultze**	7682	G. Ia	Über phosphor- und arsenhaltige Derivate des 1-Phenyl-3-methyl-5-pyrazolons.		Michaelis	
16	**Heinrich Fincke**	6670	Ap. I	Beiträge zur Kenntnis der Stereoisomerie bei Derivaten des Diphenylaethylens und Diphenylpropylens; eine neue Synthese von Cinnolinderivaten.		Stoermer	
17	**Felix Risse**	7683	R.-G. Ab.	Über desmotrope Reaktionen d. 1-Phenyl-3-methyl-5-anilino- und des 1-Phenyl-3-methyl-5-toluidinopyrazols.		Michaelis	
18	**Alex. v. Unruh**	fehlt	R.-G. Ab.	Einwirkung von trocknem Ammoniak auf wasserfreie Uranylsalze.	Chem. Lab. der Bergakademie Berlin	Stavenhagen	
19	**Josef Degorski**	7692	G. Ab.	Beiträge zur Kenntnis des Cumarons und einiger seiner Derivate.	Chem. Lab. d. Univ. Rostock	Stoermer	

20	**Paul Braeutigam**	6662	Ap. I	Zur Kenntnis d. α-β ungesättigten stereoisomeren Säuren und deren Umlagerung ineinander.	Chem. Lab. d. Univ. Rostock	Stoermer	Rostock
21	**Curt Finger**	755	Ap. I	Zur Kenntnis stereoisomerer Anisyl-Tolylaethylenderivate und deren Umlagerungen.		Stoermer	
22	**Stanislaus Mroz-kowsky**	5143		Über die Einwirkung von Arsentrichlorid auf tertiäre aromatische Amine u. auf Monomethylanilin.		Michaelis	
23	**Ludwig Saalfeld**	4543	Ap.	Über die Metallverbindungen der Thiopyrine.		Michaelis	
24	**Adolf Heyde**	3869	G. Ia	Über geometrisch-isomere Derivate des Diphenylaethylens.		Stoermer	
25	**Hans Berlin**	4603	G. Ia	Beiträge zur Kenntnis substituierter Styrole.		Stoermer	

Universität Straßburg.

1	**Georg Lutz**	4822	O.-R.-Sch.	Über das Ketochlorid des p-p′-Dimethoxydibenzalacetons.	Univ. Straßburg	Straus	Straßburg
2	**Hans Finkelstein**	5117	G.	Über ein Derivat des Benzocyklobutans und über die Einwirkung einer Lösung von Jodnatrium in Aceton auf organische Halogenverbindungen; über das Dichlorid des Tetraphenylaethylens.		Thiele	
3	**Werner Hüssy**	6234	Schweiz. Kant.-Sch.	Über das Ketochlorid des Dicinnamylidenacetons.		Straus	
4	**Hans Hatzig**	4796	G.	Über Kondensationen von o-Nitrobenzal- und o-Nitrobenzylchlorid mit o- und m-Nitrobenzaldehyd.		Thiele	
5	**Walter Weigand**	6232	G.	Über Kondensationsprodukte aus o-Phenylendiamin und β-Diketonen.		Thiele	
6	**Paul Kober**	4827	G.	Anlagerung von Dimethylketen an —N=N— Doppelbindung.	Straßburg und Karlsruhe	Staudinger	

Universität Straßburg. Fortsetzung.

Laufende No.	Name des Promovierten	No. des Verbandszeugnisses	Vorbildung	Titel der Dissertation	Bezeichnung des Laboratoriums	Name des Dozenten, welcher die Arbeit geleitet hat	Ort der Promotion ev. Fehlanzeige
7	**Hans Schmidt**	4076	G.	Über Schiffsche Basen des Allylamins.	Univ. Straßburg	Thiele	Straßburg
8	**Theodor Baer**	5133	O.-R.-Sch.	Über chinoïde Kohlenwasserstoffe.	Univ. Straßburg	Thiele	Straßburg
9	**Richard Bormann**	4584	G.	Über Tetramethyldiamidobenzophenon u. Diphenyl-diamidodiphenylmethan.	Univ. Straßburg	Straus	Straßburg

Technische Hochschule Stuttgart.

Laufende No.	Name des Promovierten	No. des Verbandszeugnisses	Vorbildung	Titel der Dissertation	Bezeichnung des Laboratoriums	Name des Dozenten, welcher die Arbeit geleitet hat	Ort der Promotion ev. Fehlanzeige
1	**Karl Th. Widmann**	5906	R.-G. Ab.	Über die Einwirkung von conc. Salpetersäure und salpetriger Säure auf Diketone und Ketonsäureester.	Lab. für reine und pharm. Chemie	J. Schmidt	Stuttgart
2	**Hermann Lumpp**	5912	R.-G. Ab.	Über Oxyphenanthrene und deren Abkömmlinge.	Lab. für reine und pharm. Chemie	J. Schmidt	Stuttgart
3	**Otto Schairer**	fehlt	R.-G. Ab. Dipl.-prüfg.	Über Gewinnung von 2-Oxy-Morpholchinon (2, 3, 4-Trioxyphenanthrenchinon) aus 4-Nitrophenanthrenchinon.	Lab. für reine und pharm. Chemie	J. Schmidt	Stuttgart
4	**Paul Pannwitz**	5913	G. Ab.	Beiträge zur Kenntnis der Triphenylcarbinole.	Lab. für reine und pharm. Chemie	H. Kauffmann	Stuttgart
5	**Eugen Reinert**	5915	R. Ab.	Über das 1-Methyl-3-cyclohexanon und Derivate desselben.	Lab. für reine und pharm. Chemie	C. Hell	Stuttgart
1	**Theophil Stanisch**	5910	G. Ab.	Berlinerblau und Turnbullblau.	Inst. f. Elektrochem. u. Techn. Chemie zu Stuttgart	Erich Müller	Stuttgart

Universität Tübingen.

1	**Erwin Kostenbader**	4784	O.-R.-Sch. Ab.	Über die Methode der Esterkondensation und eine Erweiterung derselben.	Chem. Lab. d. Univ. Tübingen	W. Wislicenus	Tübingen
2	**Emil Gansser**	4376	Ap. I	Die Homologen des Sarkosins und des Kreatins.	Physiol.-chem. Inst. d. Univ. Tübingen	G. v. Hüfner	
3	**Paul Dinkelacker**	4776	Ap. I	Über Salze einer Acetato- und Formiato-Chrombase.		R. Weinland	
4	**Samuel Judd Lewis**	8052	B. Sc.	Studien über das elementare Zirkonium.		E. Wedekind	
5	**Margarete v. Wrangell**	4783	Abit. d. russ. R.-Sch.	Isomerieerscheinungen beim Formylglutakonsäureester und seinen Bromderivaten.		W. Wislicenus	
6	**Karl Bozenhardt**	5975	Ap. I	Über das Bis-acetessigester-(malonyl-dihydrazon), seine Kondensations- und Spaltungsprodukte.	Chem. Lab. d. Univ. Tübingen	K. Bülow	
7	**Woldemar Mayer**	5799	Ab. d. russ. R.-Sch.	Die Additionsfähigkeit von Halogenalkyl an ditertiäre Ammoniumbasen. Quartäre Amin-Ammoniumsalze, ein neuer Typus des asymmetrischen Stickstoffs.		E. Wedekind	

Universität Würzburg.

1	**Konrad Schübel**	5127	O.-R.-Sch.	Zur Kenntnis des Protokatechualdehyds, insbesondere seiner Kohlensäurederivate.		Pauly	Würzburg
2	**Friedr. Wilh. Brandt**	4561	O.-R.-Sch.	Über die Äthylen-, Kohlenoxyd- und Stickoxydverbindungen des Blutfarbstoffs und des Kupferchlorürs.	Chem. Inst. Würzburg	Manchot	
3	**Paul Landauer**	5195	R.-G.	Studien über Methylenblau.	Chem. Inst. Würzburg u. Priv.-Lab. v. Dr. Weil, München	Dr. Weil	

Universität Würzburg. Fortsetzung.

Laufende No.	Name des Promovierten	No. des Verbands-zeugnisses	Vorbildung	Titel der Dissertation	Bezeichnung des Laboratoriums	Name des Dozenten, welcher die Arbeit geleitet hat	Ort der Promotion ev. Fehlanzeige
4	**Georg Renger**	5130	G.	I. Bildung von Bleialkylen bei elektrolytischen Reduktionen. II. Zur Kenntnis der kathodischen Überspannung.	Chem. Inst. Würzburg	Tafel	Würzburg
5	**John Weir**	5858	M. A., B.S.	Zur Kenntnis der Esterbildung des Benzoylasparagins.	Chem. Inst. Würzburg	Pauly	Würzburg
6	**Paul Langbein**	5140	G.	Über Derivate des Triazols.	Chem. Inst. Würzburg	Manchot	Würzburg
7	**Richard Treusch von Buttlar-Brandenfels**	5131	Österr. O.-R.-Sch.	Zur Kenntnis der Mono- u. Dioxybenzaldehyde.	Chem. Inst. Würzburg	Pauly	Würzburg
1	**Wilhelm Kraft**	4080	G.	Über Hordein u. Bynin. Beiträge zur Kenntnis der alkohollösl. Eiweißstoffe der Gerste und des Malzes.	Gärungsphysiolog. Inst. d. Techn.Hochschule München	Prof. Dr. Lintner	Würzburg
2	**Richard Liere**	3463	Ap.	Beiträge zur Kenntnis des Aloins.	Pharm. Inst. d. Univ. Würzburg	Prof. Dr. Medicus	Würzburg

I.

Übersicht über die Promotionen.

Die Zahlen unter:

I. beziehen sich auf Promovierte **mit** Verbandszeugnis,
II. » » » » **ohne** » aber **mit** einer gleich- oder höherwertigen Prüfung,
III. » » » » **ohne** » und **ohne** gleich- oder höherwertige Prüfung,
IV. » » » » bei denen es nicht feststeht, ob nur die Nummer des Zeugnisses nicht zu ermitteln war, oder ob die Verbandsprüfung nicht abgelegt worden ist.

V. sind die Summen von I—IV.

Ort	Charakter der Hochschule	Bezeichnung des Laboratoriums	I.	II.	III.	IV.	V.
Aachen	Technische Hochschule	Anorg. u. Org. Lab.	1	1	—	—	2
Berlin	Universität	I. Ch. Lab.	27	—	—	—	27
Berlin	»	Ph.-Ch. Inst.	7	—	—	—	7
Berlin	»	Technolog. Inst.	2	—	—	—	2
Berlin	Technische Hochschule	Org. Lab.	1	1	—	—	2
Berlin	» »	Anorg Labor.	1	—	—	—	1
Berlin	» »	El.-Ch. Lab.	4	—	—	—	4
Berlin	» »	Techn.-Ch. Lab.	7	2	—	—	9
Berlin	Landwirtsch. Hochschule	Ch. Lab.	1	—	—	—	1
Bonn	Universität	Ch. Lab.	5	—	—	—	5
Braunschweig	Technische Hochschule	Chem. Lab.	4	—	—	—	4
Braunschweig	» »	Pharm. Inst.	1	—	—	—	1
Breslau	Universität	Ch. Inst.	9	—	—	—	9
Breslau	»	Landw.-technolog. Inst.	1	—	—	—	1
Danzig	Techn. Hochsch.	Anorg. u. elektroch. Lab.	1	—	—	—	1
Darmstadt	Technische Hochschule	Chem.-techn. u. elektroch. Inst.	1	—	—	—	1
Dresden	» »	Ch. Lab.	10	4	—	—	14
Erlangen	Universität	Ch. Lab.	12	—	—	—	12
Erlangen	»	Pharm.-Ch. Inst.	1	—	—	—	1
Freiburg	»	Ch. Lab. (philos. Abt.).	22	—	—	—	22
Freiburg	»	Chem. Lab. (med. Abt.).	3	—	—	—	3

Ort	Charakter der Hochschule	Bezeichnung des Laboratoriums	I.	II.	III.	IV.	V.
Gießen	Universität	Ch. Lab.	6	—	—	—	6
Gießen	»	Ph.-Ch. Inst.	7	—	—	—	7
Göttingen	»	Allg. Ch. Lab.	10	—	—	—	10
Göttingen	»	Ph.-Ch. Inst.	2	—	—	—	2
Göttingen	»	Agrikult.-chem. Lab.	4	—	—	—	4
Greifswald	»	Ch. Inst.	4	—	—	—	4
Halle	»	Ch. Inst.	9	—	—	—	9
Hannover	Technische Hochschule	Anorg.-chem. Lab.	—	1	—	—	1
Heidelberg	Universität	Ch. Labb.	17	—	—	—	17
Jena	»	Ch. Labb.	15	—	—	—	15
Karlsruhe	Technische Hochschule	Ch. Labb.	17[1]	2	—	—	19
Kiel	Universität	Ch. Lab.	10	—	—	—	10
Leipzig	»	Ch. Lab.	8	—	—	—	8
Leipzig	»	Ph.-Ch. Inst.	12	—	—	—	12
Leipzig	»	Lab. f. angew. Ch.	14	—	—	—	14
Leipzig	»	Ch. Lab. d. physiol. Inst.	3	—	—	—	3
Marburg	»	Ch. Inst.	3	—	—	—	3
Marburg	»	Pharm.-Ch. Inst.	5	—	1	—	6
München	»	Lab. des Staates	13	—	—	—	13
München	»	Lab. f. angew. Ch.	4	—	—	—	4
München	Technische Hochschule	Ch. Lab.	5	9	—	—	14
Münster	Universität	Ch. Inst.	3	—	—	—	3
Rostock	»	Ch. Lab.	24	—	1	—	25
Straßburg	»	Ch. Lab.	9	—	—	—	9
Stuttgart	Technische Hochschule	Lab. f. reine u. pharm. Ch.	4	1	—	—	5
Stuttgart	» »	Lab. f. Elektroch. u. Techn. Ch.	1	—	—	—	1
Tübingen	Universität	Ch. Lab.	7	—	—	—	7
Würzburg	»	Ch. Inst.	7	—	—	—	7
Würzburg	»	Pharm. Inst.	2	—	—	—	2
			346	21	2	—	369

[1]) 1 Kandidat hat die Arbeit in Leipzig gemacht und ist dort gezählt.

K.

Alphabetisches Verzeichnis der Kandidaten.

E bezieht sich auf Ergänzungsprüfung.
P » » » Promotion.
V » » « Verbandsprüfung.

Abel, Paul 67. P.
Abraham, Felix 67. P.
Achenbach, Fritz 53. P.
Aczél, Géza 18. V.
Adamczewsky, Bolesl. 28. V.
Adamla, Joh. 25. V.
Aeckerle, Emil 36. V.
Ahner, Paul Martin 32. V.
Aitken, John 40. E.
Albert, Bruno 24. V.
Alders, Herm. 43. P.
Altmann, Josef 21. V.
Amann, Aug. 16. V.
Amard, Ludw. 21. V.
Andersonn, Erich 16. V.
Andre, Franz 37. V.
André, Rich. 46. P.
Anger, Erwin 26. V.
Anthes, Eugen 30. V.
Ardan, Alexander 59. P.
Arendt, Theod. 17. V.
Arensberg, Bernh. 21. V.
Arndt, Herbert 19. V.
v. Arx, Oskar 29. V.
Ascher, Edmund 42. P.
Ascher, Rich. 33. V.
Aseff, Wladimir 51. P.
Averbeck, Erich 58. P.

Bachmann, Wilh. 26. V.
Bachran, Fritz 17. V.
Baer, Theod. 70. P.
Bagdasarianz, Nerses 31. V.
Bahr, Herbert 26. V.
Bain, Davos 51. P.
Mc. Bain, James 57. P.
Bajor, Ernst 18. V.
Barbaschinoff, Nikol. 31. V.
Bartha, Ernst 29. V.
Bartholomeus, Erich 33. V.
Bauerle, Rich. 36. V.
Baum, Karl 24. V.
Baumann, Arthur 33. V.
Baumann, Paul 31. V.
Bäumer, Paul 21. V.
Bäuml, Fritz 33. V.
Bauriedel, Friedr. 24. V.
Beck, Walter 31. V.
Beck, Wilh. 20. V.
Beckel, Aug. 64. P.
Becker, Friedr. 25. V.
Becker, Wilh. 59. P.
Beielstein, Albert 18. V.
Bender, Wilh. 25. V.
Benthaus, Wilh. 54. P.
Bereza, Stanisl. 29. V.
Berge, Paul 23. V.
Bergell, Clemens 30. V.
Bergmann, Salo 46. P.
Berkow, Abraham 36. V.
Berlin, Hans 69. P.
Bernhardt, Siegfried 35. V.
Bertges, Aug. 25. V.
Beuttel, Friedr. 52. P.
Biéchy, Theod. 34. V.
Bing, Rich. 18. V.
Birchard, Fred 63. P.
Bitter, Josef 35. V.
Blachadder, Thomas 28. V., 40. E.
Blankenhorn, Hugo 35. V.
Blich, Julius 49. P.
Blom, Reidar 23. V.
Blömer, Alfred 34. V.
Blum, Eduard 23. V.
Blum, Willy 17. V.
Blumberg, Paul 43. P.
Blumer, Alexis 32. V.
Bockmühl, Aug. 56. P.
Bockmühl, Max 64. P.
Böddener, Karl Heinr. 54. P.
Bode, Georg 40. E.
Boettger, Fritz 58. P.
Böhm, Hans 23. V.
Böhtlingk, Alex. 26. V.
Boll, Paul 16. V.
Boltze, Walter 29. V.
Bonewitz, Wilh. 31. V.
Borchers, Aug. 51. P.
Borck, Willy 32. V.
Borinski, Paul 65. P.
Bormann, Rich. 70. P.
Bormann, Walter 23. V.
Bornemann, Ferd. 48. P.
Bornhardt, Karl 20. V.
Bossel, Gust. 49. P.
Böttcher, Curt 63. P.
Bozenhardt, Karl 71. P.
Brachmann, Kurt 35. V.
Braeuninger, Ludw. 34. V.
Braeutigam, Paul 69. P.
Bramsch, Walter 48. P.
Brandt, Friedr. Wilh. 71. P.
Braude, Leop. 28. V.
Bredt, Curt 20. V.
Brehm, Alfons 29. V.
Brehm, Hans 23. V.
Brehme, Paul 57. P.
Bremer, Karl 67. P.
Brettauer, Erwin 65. P.
Brigl, Percy 44. P.
Brimmer, Karl 34. V.
Brinckmann, Herm. 27. V.
Brohmer, Rich. 31. V.
Brünjes, Gust. 24. V.
Brüninghaus, Erich 34. V.
Bube, Kurt 62. P.
Buchner, Carl 65. P.
Buchwitz, Juljan 30. V.
Bulle, Fritz 33. V.
Bümming, Gust. 64. P.
Burckhardt, Herm. 36. V.
v. Bursack, Constant. 17. V.
Butescu, Dimitri 18. V.
Butler, Howard 41. E.
v. Buttler, Hugo 28. V.
Buttlar-Brandenfels, Rich. Treusch v. 72. P.
Büttner, Ernst 37. V.

Calließ, Wilh. 33. V.
Cassirer, Erwin 45. P.
Castner, Loth. 50. P.
Chitz, Arthur 23. V.
Claus, Reinh. 46. P.

Cohn, Karl Aug. 51. P.
Constandachi, Andrei 19. V.
Cordes, Rud. 18. V.
Corell, Martin 17. V.
Creighton, Jermain 28. V., 40. E.
Crovato, Gustavo 18. V.
Csörsz, Rud. 19. V.
Czakó, Emerich 30. V.

Danco, Karl 18. V.
Däumer, Erich 27. V.
Davids, Bruno 25. V.
Debler, Emil 24. V.
Degorski, Josef 68. P.
Dehn, Adolf 22. V.
Denham, Henry 40. E., 57. P.
Desamari, Kurt 20. V., 47. P.
Deutsch, Hans 21. V.
Deutschland, Arnold 22. V.
Dick, Herm. 47. P.
Dickert, Eugen 66. P.
Dickhäuser, Fritz 16. V.
Dieterich, Herm. 16. V.
Dietrich, Heinr. 67. P.
Dinkelacker, Paul 71. P.
Diosegi, Berthold 31. V.
Dittmar, Hans 50. P.
Dmochowski, Roman 54. P.
Dolch, Moritz 49. P.
Draeger, Ewald 31. V.
Drechsler, Paul 32. V.
Dützmann, Amadeus 35. V.
Dyckerhoff, Kurt 59. P.

Ebeling, Rud. 64. P.
Echeandia, Eusebio 43. P.
Edlinger, Paul 35. V.
Egner, Max 36. V.
Ehlert, Herm. 49. P.
Ehrhardt, Leo 32. V.
Eichel, Kurt 49. P.
Eicke, Karl 27. V.
Eisenlohr, Friedr. 52. P.
Eisenmenger, Theod. 40. E.
Eisleb, Otto 46. P.
Ekerkunst, Alex. 30. V.
v. Elissafoff, Georg 41. E.
Ellinger, Philipp 27. V.
Ellmer, Alb. 51. P.
Ende, Hans 63. P.
Endell, Kurt 17. V.
Engelhard, Paul 52. P.
Engelhardt, Alfr. 17. V.
Engelhardt, Felix 67. P.
Erfurt, Fritz 51. P.
Eschmann, Max 59. P., 62. P.
Ettinger, Leo 44. P.
Evers, Fritz 34. V.

Feinmann, Isidor 47. P.
Felix, Josua 16. V.
Fellmer, Ernesto 28. V.
Fellner, Maria 28. V.
Fettmann, Anton 18. V.
Fincke, Heinr. 68. P.
Finger, Curt 69. P.
Finkelstein, Hans 69. P.
Finn, Oskar 20. V.
Fischer, Hans 32. V.
Fischer, Melanie 36. V.
Fischer, Otto 20. V.
Fiske, Paul 28. V., 40. E.
Flade, Rud. 61. P.
Fladmark, Morten 23. V.
Flaks, Isey 31. V.
Fleischmann, Martin 50. P.
Foizik, Artur 44. P.
Fonda, Gorton 29. V., 60. P.
Förder, Karl 21. V.
Förster, Erich 16. V.
Franck, Heinr. 18. V.
Franck, Walter 60. P.
Frank, Ernst 26. V.
Frank, Georg 52. P.
Frank, Louis 45. P.
Fränkel, Walter 25. V.
Freitag, Max 66. P.
Freund, Rob. 44. P.
Freytag, Curt 21. V.
Freytag, Paul 16. V.
Friedrich, Lothar 22. V.
Friedrichs, Victor 35. V.
Fritzsche, Paul 17. V.
Führer, Karl 42. P.

Gaettens, Rich. 67. P.
Gahren, Arno 55. P.
Gajewski, Fritz 31. V.
Galates, Lukas 44. P.
Gansser, Emil 71. P.
Gawrilow, Wladimir 21. V.
Gebauer, Carl 56. P.
Gebert, Heinr. 21. V.
Gebhardt, Anton 34. V.
Geih, Erich 21. V.
Geis, Wilh. 56. P.
Gheorgin, Vasile 30. V.
Gilmour, Rob. 27. V.
Gläsel, Joh. 57. P.
Glaser, Hugo 21. V.
Glatz, Ernst 36. V.
Gloth, Hans Waldemar 65. P.
Glück, Josef 52. P.
Gluud, Wilh. 44. P.
Gmelin, Erwin 64. P.
Gnaedinger, Joh. 46. P.
Göbel, Raymund 23. V.
Gockel, Rich. 18. V.
Göddertz, Albert 17. V.
Goerges, Hans 43. P.
Goldacker, Paul 16. V.
Goldenberg, Oscar 19. V.
Goldschmidt, Stephan 33. V.
Goost, Theod. 32. V.
Görbitz, Julius 28. V.
Gorr, Wilh. 40. E.
Gräfe, Willy 31. V.
Grau, Kurt 57. P.
Greifenhagen, Walter 34. V.
Grethe, Theod. 53. P.
Greve, Gust. 57. P.
Groh, Fritz 17. V.
Groh, Reinh. 17. V.
Gross, Hans 50. P.
Grosse, Erich 53. P.
Gruhe, Fr. 64. P.
Grün, Rich. 41. E., 58. P.
Grünstein, Note 30. V.
Guilini, Renzo 26. V.
Güttich, Arth. 63. P.

Haas, Fritz 24. V.
Haehnel, Wolfram 48. P.
Haeffner, Karl 60. P.
Hahn, Alfred 63. P.
Hahn, Friedr. 16. V.
Hallensleben, Julius 29. V.
Halmai, Bela 59. P.
Hamlin, Marston 35. V.
Hammermann, Aug. 36. V.
Hammes, Rob. 18. V.
Hanf, Otto 18. V.
Hänsel, Paul 45. P.
Haring, Kurt 63. P.
Harris, John 19. V.
Hartmann, Alfr. 34. V.
Hartmann, Aug. 67. P.
Hartmann, Walter 58. P.
Hartung, C., Dr. med. 61. P.
Hase, Erich 22. V.
Hatzig, Hans 69. P.
Hauck, Ludw. 29. V.
Hauptmann, Peter 58. P.
v. Haupt-Stummer, Leo 23. V.
Hauser, Rud. 30. V.
Havas, Bela 60. P.
Haworth, Walter 26. V.
Heerdt, Walter 34. V.
Heimburger, Georg 22. V.
Hein, Albert 32. V.
Heintz, Walter 58. P.
Heisler, Rob. 46. P.
Heitz, Karl 35. V.
Held, Alb. 28. V.
Hempel, Hubert 59. P.
Henjes, Fritz 26. V.
Henneberg, Carl 27. V.
Henzerling, Carl 64. P.
Hering, Georg 22. V.
Hermsdorf, Albin 63. P.
Hermann, Charlotte 17. V.
Hermann, Gottfr. 26. V.
Herrmuth, Ernst 19. V.
Herrschel, Franz 23. V.
Herscovici, Berla 44. P.
Herterich, Aug. 37. V.
Herz, Herm. 33. V.
Herzog, Ewald 51. P.
Heß, Fritz 64. P.

Maass, Walter 52. P.
v. d. Maesen de Sombreff, Georges 16. V.
Maisch, Karl 24. V., 50. P.
Mäkelt, Ehrhardt 62. P.
Manz, Herm. 34. V., 41. E.
Marcus, Arnold 21. V.
Martin, Friedr. 59. P.
Martin, Joh. 23. V.
Martin, Walter 22. V.
Maschke, Alfr. 30. V.
Masing, Georg 54. P.
Maxted, Edward 16. V.
May, Rich. 42. P.
Mayen, Hans 29. V.
Mayer, Woldemar 71. P.
Mechtersheimer, Gust. 56. P.
Mejdell, Thor 23. V.
Meier, Aug. 29. V., 59. P.
Meier, Egon 25. V.
Merkl, Elsa 65. P.
Mestanza, Ernesto 28. V.
Metzger, Karl 66. P.
Meyer, Emil 36. V.
Meyer, Erwin 27. V.
Meyer, Friedr. 17. V.
Meyer, Herm. 26. V.
Meyer, Kurt 32. V.
Meyer, Lothar 35. V.
Meyring, Rud. 30. V.
Micheler, Hans 24. V.
Mielck, Hildemar 67. P.
Millar, William 28. V., 40. E.
Millbradt, Ludw. 29. V.
Missir, Nicola 18. V.
Mitrofanoff, Benjamin 59. P.
Mitter, Profulla Chandra 18. V.
Moeller, Fritz 17. V.
Moeller, Max 22. V.
Möhrke, Hans 43. P.
Moll, Rud. 51. P.
Monserrat, José Maria 23. V.
Morawe, Friedr. 18. V.
Morawitz, Hugo 41. E., 62 P.
Moser, Eduard 26. V.
Moses, Isaac 28. V.
Mozer, Herm. 26. V.
Mrozkowsky, Stanisl. 69. P.
Müller, Joh. 33. V.
Müller, Rud. 54. P.
Müller, Sebald 33. V.
Münchmeyer, Georg 60. P.
Murawski, Walter 27. V.

Naumann, Carl 63. P.
Neber, Peter 24. V.
Neckel, Wilh. 35. V.
Nedden, Albert 33. V.
Nel, Gert 27. V.
Nelken, Fritz 67. P.
Neresheimer, Karl 30. V.
Neustadt, Joseph 47. P.
Niescher, Max 63. P.
Nobis, Alfr. 49. P.
Noether, Alfr. 50. P.
Nolte, Otto 27. V.
Nottbohm, Otto 28. V.
Novikow, Wassili 62. P.

Oehme, Herm. 32. V.
Oelsner, Alice 21. V.
Oeltze, Erich 32. V.
de Olano, José 30. V.
Oldenburg, Ludw. 26. V.
Opitz, Herm. 25. V.
Oppenheimer, Paul 26. V.
Oppermann, Paul 32. V.
Ornstein, Max 19. V.
Oryng, Taddäus 57. P.
Ost, Walter 25. V.
Ostermaier, Herm. 53. P.
Ostertag, Aug. 49. P.
Otto, Karl 19. V.
Ou, Ching Co 17. V.

Pabstmann, Georg 66. P.
Pannwitz, Paul 70. P.
Paunescu, Jon 19. V.
Pawlotzky, Jakob 25. V.
Perl, Alfr. 65. P.
Perl, Joh. 51. P.
Pettit, James Harvey 54. P.
Pfenning, Fritz 64. P.
Pfister, Karl 64. P.
Pfizenmaier, Karl 65. P.
Pflanz, Walter 68. P.
Pfleiderer, Georg 45. P.
Philippi, Rich. 35. V.
Pingoud, Herbert 19. V.
Plaschke, Emanuel 62. P.
Platon, Eilif 30. V.
Ploch, Friedr. 25. V.
Pocksties, Max 24. V.
Pohle, Friedr. 34. V.
Pollitzer, Franz 45. P.
Pomme, G. 61. P.
Popovici, Nicolae 47. P.
Pordesch, Horst 49. P.
Posnjak, Georg 61. P.
Postinett, Jean 18. V.
Praetorius, Paul 55. P.
Proppe, Carl 21. V.
Proske, Otto 19. V.
Protze, Joh. 17. V.
Pungs, Ernst 50. P.

Quensell, Herm. 45. P.

Raabe, Felix 58. P.
Rack, Edgar 27. V.
Racke, Heinr. 52. P.
Racky, Georg 34. V.
Raizіß, Gdalja 52. P.
Rannow, Wilh. 34. V.
Rantscheff, Dimitr. 26. V.
Rasch, Otto 58. P.
Räßler, Max 23. V.
Rathsburg, Hans 22. V.
Redlhammer, Eduard 22. V.
Régis de Roman, Fernand 20. V.
Reich, Jakob 66. P.
Reich, Paul 16. V.
Reichardt, Curt 55. P.
Reidemeister, Karl 30. V.
Reidenbach, Rud. 66. P.
Reiffel, Franz 22. V.
Reimann, Friedr. 53. P.
Reinau, Erich 47. P.
Reinert, Eugen 70. P.
Reisenegger, Kurt 34. V.
Remmler, Hans 48. P.
Remy, Eduard 68. P.
Renger, Georg 72. P.
Renker, Max 45. P.[1]
Renneberg, Werner 21. V.
Renyi, Erwin 18. V.
Reppin, Heinr. 32. V.
Resau, Karl 36. V.
Reuß, Fritz 31. V.
Reuter, Rudolf 61. P.
Revai, Andor 18. V.
Richert, Theod. 30. V.
Richter, Wilh. 16. V.
Rieck, Otto 35. V.
Riedel, Walter 27. V.
Riemerschmid, Robert 33. V.
Rieper, Peter 33. V.
Rieß, Michael 24. V.
Rindl, Max 45. P.
Ripke, Otto 60. P.
Risse, Felix 68. P.
Ritter, Gust. 30. V.
Robertson, Philip W. 61. P.
Robin, Karl 28. V.
Robison, Robert 61. P.
Rodewald, Herm. 29. V.
Roesner, Hans 16. V.
Rohde, Karl 27. V.
Röhler, Herm. 62. P.
Rohrer, Max 36. V.
Rölle, Heinr. 52. P.
Rollhäuser, Heinr. 22. V.
v. d. Ropp, Otto 31. V.
Röse, Heinr. 33. V.
v. Rosen, Ernst 31. V., 61. P.
Rosenthal, Leo 55. P.
Rosenberg, Sigm. 19. V.
Rößler, Ludw. 34. V.
Roschke, Kurt 35. P.
Roth, Carl 50. P.
Roth, Ernst 32. V.
Rothe, Otto 29. V.
Rottsieper, Werner 53. P.
Routala (Rosenquist), Oskar 59. P.
Rubinsky, Juvenalis 31. V.
Rudolph, Max 44. P.
Rue, John 28. V., 40. E.
Rühle, Gust. 24. V.
Runge, Walter 53. P.
Runne, Ernst 21. V.

Druck von Oskar Leiner, Leipzig. 18627

Heft 12. 18. September 1910.

Berichte

des

Verbandes der Laboratoriums-Vorstände

an deutschen Hochschulen.

Inhalt:

Leipzig
Verlag von Veit & Comp.
1910

FSC
www.fsc.org
MIX
Papier | Fördert gute Waldnutzung
FSC® C083411

Kolibri 360 GmbH
Ferdinand-Jühlke-Straße 7
99095 Erfurt, Deutschland
produktsicherheit@kolibri360.de